改訂版 建設業の三大災害防止のポイント

[目　次]

■ 第1章　墜落・転落災害防止対策

- 1．安全対策の概要……………………………………………………………………… 2
- 2．作業床の確保………………………………………………………………………… 4
- 3．安全帯の使用………………………………………………………………………… 6
  - 安全帯の種類と使用上の留意点…………………………………………………… 6
  - 安全帯の廃棄基準…………………………………………………………………… 11
  - 安全帯点検チェックリスト………………………………………………………… 13
- 4．手すり先行工法……………………………………………………………………… 14
- 〈資料〉チェックリスト、点検表
  - ・足場に係る労働安全衛生規則の改正事項（平成27年7月施行）等自主点検表… 22
  - ・墜落防止チェックリスト（共通事項）…………………………………………… 24
  - ・墜落防止チェックリスト（作業床・足場板・開口部）………………………… 25
  - ・墜落防止チェックリスト（資材搬入口）………………………………………… 26
  - ・墜落防止チェックリスト（屋根）………………………………………………… 27
  - ・足場共通事項点検表（架設通路・登桟橋）……………………………………… 28
  - ・足場共通事項点検表（作業床）…………………………………………………… 29
  - ・足場共通事項点検表（足場組立て・解体作業）………………………………… 30
  - ・足場共通事項点検表（悪天候・地震後）………………………………………… 31
  - ・単管足場点検表……………………………………………………………………… 32
  - ・わく組足場点検表…………………………………………………………………… 33
  - ・つりたな足場点検表………………………………………………………………… 34
- 5．災害事例……………………………………………………………………………… 35

■ 第2章　建設機械・クレーン等災害防止対策

- 1．安全対策の概要……………………………………………………………………… 46
- 2．安全な作業方法……………………………………………………………………… 48
- 3．バックホーによる用途外使用の禁止……………………………………………… 54

i

4．移動式クレーンの安全確保……………………………………………… 57
　5．玉掛け作業の安全確保…………………………………………………… 62
〈資料〉チェックリスト、点検表
　　・車両系建設機械作業チェックリスト………………………………… 66
　　・パワーショベル、バックホー日常点検表…………………………… 67
　　・ブルドーザー日常点検表……………………………………………… 68
　　・ロードローラー日常点検表…………………………………………… 69
　　・くい打ち機日常点検表………………………………………………… 70
　　・アースドリル日常点検表……………………………………………… 71
　　・モーターグレーダー日常点検表……………………………………… 72
　　・バイブロハンマ日常点検表…………………………………………… 73
　　・ボーリングマシン日常点検表………………………………………… 74
　　・移動式クレーン日常点検表…………………………………………… 75
　　・玉掛け作業チェックリスト…………………………………………… 76
　6．災害事例…………………………………………………………………… 77

■ 第3章　　倒壊・崩壊災害防止対策

　1．安全対策の概要…………………………………………………………… 88
　2．掘削作業の安全確保……………………………………………………… 90
　　　　　　掘削作業チェックリスト……………………………………… 94
　3．土止め支保工の設置……………………………………………………… 95
　4．災害事例…………………………………………………………………… 102

■ トピック　リスクアセスメントの効果的な実施方法 …………… 108

〈巻末資料1〉
　　・危険性又は有害性等の調査等に関する指針………………………… 112
〈巻末資料2〉
　　・足場からの墜落・転落災害防止総合対策推進要綱（改正版）…… 126

第1章
墜落・転落災害防止対策

第1章では、発生すれば死亡災害に直結しやすい墜落・転落災害の防止対策を取り上げました。安全対策の基本である設備面を中心に解説しています。各種資料は、各事業場や団体のものなどをアレンジして使用しています。

1 安全対策の概要

対策の基本は作業床の確保

労働安全衛生法の分野では、高さ2メートル以上の場所での作業を「高所作業」と呼んでいます。

高所作業で、墜落・転落災害がひとたび発生すると死亡事故につながる割合が高くなります。

このため、法令では、その防止対策に関して、多くの規制を設けています（表1参照）。

以下、労働安全衛生規則（以下「則」）の中から中心的な部分を抜粋して紹介します。

●**作業床の設置（則第518条）**

墜落災害を防止するための基本は、作業者に安全な作業床の上で作業を行わせることです。

そのため、高さが2メートル以上の場所での作業（高所作業）がある場合は、足場を組むなどの方法によって、作業床を確保しなければなりません。

防網や安全帯の使用も

しかし、現実の高所作業、とりわけ建設現場においては、すべての個所に作業床を設けることは困難といえます。

そこで、作業床がなく、また、新たに設けることが著しく困難な個所での高所作業については、防網（安全ネット）を張り、作業者に安全帯を使用させることを義務づけています。

●**開口部への囲いなどの設置（則第519条）**

高所にある開口部には、墜落の危険が常につきまといます。また、作業床を設けても、その端部についても同様です。そのような個所には、囲い、手すり、覆いなどを設けなければなりません。

しかし、前項の作業床と同様、設置が著しく困難なケースも出てきます。

このような場合にも、防網を張り、作業者に安全帯を使用させることを義務づけています。

●**作業者の義務（則第520条）**

作業床を設けられない場合や、囲いや手すりを設けることが著しく困難な場合に、防網を張るとともに作業者に安全帯を使用させることを義務づけていますが、当然、作業者には使用の指示が出されます。実際に作業者が使用（腰に安全帯のベルトを締め、フックを親綱などにかける）しなければ安全帯の意味をなさないため、作業者はこの命令に従う義務を負っています。

●**安全帯の取付設備（則第521条）**

安全帯は、しっかりと取りつけなければ、十分な効力を発揮しない保護具です。

そのため、事業者は安全帯を使用させる場合、親綱など安全帯を取りつける設備を備えておかなければなりません。それらの設備については、異常の有無などの点検を実施することも義務づけられています。

●**悪天候時の作業の禁止（則第522条）**

高所作業が屋外で行われるときには、自然条件が作業者に与える影響は小さくありませ

表1　墜落・転落災害の防止のための必要な措置（一部抜すい）

墜落・転落災害の防止

※則＝労働安全衛生規則

- 作業床の設置（則518条）……………… 足場などの作業床の確保（高所作業）
- 囲い、手すりなどの設置（則519条）…… 作業床の端、開口部などへの措置（高所作業）
- 防網、安全帯の使用（則518、519条）…… 作業床や手すりなどの設置が困難な場合の措置
- 安全帯取りつけ設備の設置（則521条）…… 安全帯を使用する場合の措置
- 悪天候時の作業禁止（則522条）………… 強風、大雨、大雪時などでの高所作業の禁止
- 屋根上作業での踏み抜き防止（則524条）… 歩み板、防網の設置
- 昇降設備の設置（則526条）……………… 高さ・深さが1.5mを超える場合での措置
- 移動はしごの要件（則527条）…………… 丈夫な構造、正常な材料、30cm以上の幅など
- 脚立の要件（則528条）…………………… 丈夫な構造、正常な材料、十分な面積など
- 建築物、足場などの組み立て、解体、変更の作業での措置（則529条）……… 指揮者による作業指揮、作業方法・順序の周知
- 立ち入り禁止（則530条）………………… 墜落危険場所への関係者以外の立ち入り禁止

ん。

そのため、法令では、特に作業者に危険を及ぼすと考えられる、強風、大雨、大雪の下での高所作業を禁じています。

●照度の保持（則第523条）

夜間や窓のない建築物の内部、坑内などでの墜落災害の要因のひとつとして、作業個所周辺の照度不足があげられます。

そのため、高所作業においては、一定の照度を保つことが義務づけられています。特に具体的な明るさは明示されていませんが、足元の状態や墜落防止措置の状況が十分に確認できることが最低限、必要となります。

●踏み抜きの防止（則第524条）

墜落・転落災害は、開放部分や開口部から身体が落下するケースばかりでなく、足元部分を踏み抜くケースも少なくありません。その対策として、スレートや木毛板などの材料でふかれた屋根上などで作業を行う場合には、幅が30センチメートル以上の歩み板を設け、防網を張るなどの措置を行うことが義務づけられています。

●移動はしご、脚立の要件
　　　　　　　　　　　　（則第527条、第528条）

高所作業を行うに伴って、移動はしごや脚立などの作業用具が頻繁に使用される場合があります。これらの構造に欠陥があると、災害に直結する危険性があります。

したがって、一定の要件を定め、それを満たす構造のもの以外は使用できないことになっています。

●立ち入り禁止（則第530条）

屋根上、作業床の端、開口部など、墜落・転落の危険性がある個所には、実際に作業を行っている者や安全スタッフ以外に認識できないケースも多くあります。このため、これらの個所には、関係者以外の立ち入りを禁止しなければなりません。

2 作業床の確保

構造要件を満たした足場を

労働安全衛生規則では、高さが2メートル以上の個所で作業を行う場合には、墜落を防止するために、作業床を設けなければならないことが規定されています。これが墜落災害防止の基本です。

作業床を確保する方法は、足場を組み立てることが中心ですが、墜落災害は、その発生個所別では足場からのものが最も多く、その原因も、足場の構造が不備であることによるものが多くあります。したがって、足場は定められた構造を具備している必要があります。

足場に関しては、おおむね以下の点に注意しなければなりません。

❶使用の目的、期間、環境に応じた丈夫な構造とする。

❷使用する材料は、高所で使用する所定のものだけを使用し、損傷や欠陥のないものを使用する。

❸木製の足場材は、割れ、節、木目の傾斜などがないものを使用する。丸太の緊結には番線を用い、古いものは使用しない。

❹単管足場は必ず付属金具を用いて緊結する。単管を番線で緊結はしない。

高さ85cm以上の手すりを設け、建地と床材とのすき間を少なくする

平成27年7月1日に労働安全衛生規則が一部改正され、足場の組立て等の作業に従事する労働者に対して特別教育が必要になりました。また、同時に作業床等に関連する規則の一部も改正され、墜落防止措置の充実が図られました。

高さ2m以上の個所に設ける作業床等は、下記の点に留意する必要があります。

❶床材は幅40cm以上、床材間のすき間は3cm以下とし、床材と建地とのすき間を12cm未満とする。

❷丈夫な手すりを設ける。手すりは高さ85cm以上の個所に1本設けるほか、幅木（つま先板）、桟などを設ける。手すりを一時的に取り外す場合は、必要な作業を行った後、直ちに元の状態に戻しておく。

❸床材は、ズレたり、脱落しないよう二以上の支持物に固定する。

❹床面はつまずき、滑りなどの危険のない構造とし、不要な資材は片付ける。

❺夜間に作業する場合は、照度を十分に確保し、眩惑の生じない位置に照明器具を配置

する。

　なお、作業床の積載荷重は、足場の構造及び材料に応じて定め、足場の見やすい個所に掲示しなければなりません。

躯体開口部の養生は工事の進行に合う方法で

　開口部などで墜落の危険がある個所も、手すりを設けるなどの方法で養生する必要があります。

　この場合、例えば躯体工事における開口部の養生には、以下に掲げるような措置をとるとよいでしょう。

＜コンクリート打設前＞

❶ついたて型の柵（例：移動用柵）を周囲に仮置きし、固定する。
❷幅木は必ず設置し、柵には落下防止用のネットを貼る。

＜コンクリート打設中＞

❶開口部の周囲に適当な長さのサヤ管を埋め込み、ここから柱を建てるか、鉄筋を溶接して柱を建てる。
❷その建てた柱に、二段式のパイプ手すりを設置する。

＜コンクリート打設後＞

❶開口部の床面周囲には、墜落防止用の幅木を取りつける。
❷材料の取り込みや荷下ろしに従事する者は、特に墜落の危険性が多いので、安全帯が使用できるように、親綱や控えなどの設備を設ける。
❸広範囲にわたる開口部を設ける場合は、開口部から30cm以上離れた個所に柱などを建て、周囲を鋼製パイプの手すり及び中さん

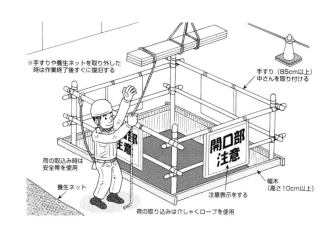

を取り付け、幅木を設置する。

　また、開口部を使用しない場合は、養生ネットで開口部を覆い、墜落や落下防止措置を講じることが望ましい。

　※開口部はすべてに手すり（または蓋）をするとともに、一時的に取り外しても、元の状態に戻さなければなりません（**資料1参照**）。

資料1　開口部の管理方法

〔1〕開口部管理の五原則とは
　① すべての開口部には手すりか蓋を設置する。
　② 照明設備を完備する。
　③ 手すりまたは蓋を取り外した者は必ず元に戻す。
　④ 注意標識を掲示する。
　⑤ 開口部作業者は安全帯を着用し、使用する。
〔2〕開口部管理系統は
　　　開口部使用責任者
　　　　↓（申告）
　　　現場責任者
　　　　↓（許可）
　　　手すりまたは蓋取り外し
　　　　↓
　　　作　業　完　了
　　　　↓
　　　手すりまたは蓋取りつけ …監視人、標識、照明
　　　　↓
　　　開口部使用責任者
　　　　↓（報告）
　　　現場責任者
　　　　↓
　　　確　認

手すりか蓋を取り外して開口部を使用する場合は、上記のルートにより申告→許可－(使用)→報告→確認の手続きを必ず踏むこと。

3 安全帯の使用

安全帯の種類と使用上の留意点

　高さが2メートル以上の個所で作業を行うときは、墜落・転落防止のため、原則的には安全な作業床を設けて、その上で作業させることが最も重要です。しかし、現実の作業では、作業床を設けることが困難な場合が多くあります。法令では、「作業床を設けることが困難なときは、防網を張り、労働者に安全帯を使用させる等墜落による労働者の危険を防止するための措置を講じなければならない」と定めています（安衛則518条・第2項）。

　安全帯には主に以下の種類があります。

A　1本つり専用胴ベルト型

　ベルトにランヤード（ロープやストラップにフックや伸縮調節器などを取り付けた"命綱"の部分）の付いたシンプルな構造の安全帯。安定した足場があり、身体を支える必要のない作業で使用します。墜落時の荷重が胴部に集中しやすいという特徴があり、日本では安全帯というと、一般的にこのタイプをさします。

B　U字つり用

　電柱など安定した足場がなく、身体を支える必要のある場所で作業を行う際に使用する安全帯。柱にロープを回し、フックをベルトに接続して身体を支えます。1本つり専用と兼用可能なタイプもあります。

C　傾斜面・垂直面用

　法面保護工事や土木工事など、足場の不安定な急斜面で作業を行う際に使用します。胴ベルトに加えて、腰・臀部を支えるベルトを持つタイプ（傾斜面用）、腿に装着するベルトを持つタイプ（垂直面用）があります。いずれも親綱・グリップ等と併用して使用します。

D　フルハーネス型

　胴部のほか、肩や腿にもベルトを通し、墜落時の荷重を複数個所に分散するタイプの安全帯。身体にかかる負担を低減する安全性の高い安全帯といえます。欧米では安全帯＝フルハーネス型が一般的であり、第12次労働災害防止計画においてもフルハーネス型安全帯の使用が提唱されていることもあり、日本でも徐々に採用が増えてきています。

※1本つり専用胴ベルト型、フルハーネス型にはストラップをランヤードの巻き取り機に収納できるタイプや、墜落時の衝撃を和らげるショックアブソーバー機能が付随するもの、鉄骨の建方作業等でフックの掛け替え時に墜落を防ぐランヤード2本付きの2丁掛けタイプなどがあります。

安全帯を使用する際の留意点

　安全帯を使用する際は、以下の点に留意する必要があります。

❶安全帯を取り付ける対象物は、フックが外れたり、抜けたりするおそれのないもので、墜落阻止時の衝撃力に対し、十分に耐え得る堅固ものとする。

❷安全帯を取り付ける対象物に鋭い角があっ

安全帯の使用例

1本つり専用胴ベルト型

U字つり専用

傾斜面用

フルハーネス型

たり、対象物に通常のフックが使用できない場合は、大口径フックなどを使用する。
❸ 安全帯を取り付けようとする周囲に、突起物や障害物などがないことを確認する。
❹ 安全帯を使用する場合、事前に取り付け設備、取り付け方法などを十分に検討し、施工計画書などに明示する。
❺ 安全帯ロープの掛け替え（盛り替え）時に墜落するおそれがある場合は、作業条件に応じて次の事項のいずれかを選定する。

(ア) 2丁掛け安全帯の使用
(イ) 掛け替え（盛り替え）治具の設置
❻ 溶接火花、薬品などの影響を受ける環境条件でロープを使用する場合、遮へい板などを用いて養生するか、合成繊維ロープの使用を避け、ワイヤロープ式などの特殊安全帯を使用する。
❼ 安全帯のロープ、ベルトは同一メーカー、同一型のものを使う。
❽ 1回でも大きな衝撃力を受けた安全帯は、

●第1章 墜落・転落災害防止対策

外観に変化がなくても廃棄する。
❾安全帯を荷のつり上げなど、他の目的に使用しないようにする。

安全帯を取り付けるための設備の設置

安全帯を腰に装着していても、実際には使用しにくい場合も少なくありません。このため、法令では安全帯の使用のほかに、安全帯を確実に取り付けるための設備の設置を義務づけています。

【親綱】

一般的に親綱にはポリエステルやナイロンロープが用いられますが、ワイヤロープを使用する場合もあります。安全性と活動性を高めるためには、ロリップや水平に張った親綱に使用する安全滑車などを用いるとよいでしょう。

安全滑車には、手動または自動のストップ装置を設けて、あるいは傾斜させて張った場合でも利用できるようにしたものもあります。

【取り付け金具】

取り付け金具としては、建築中の構造体そのものの一部がそのまま取り付け金具となるものもありますが、一般には、安全帯のフックが容易に取り付けられるような環状の金物です。

建築中の鉄骨柱・梁を取り付け設備として利用する場合は、これにワイヤロープを緊結したり、溶接されたタラップを利用するなど、十分に取り付け設備として使用可能です。

また、安全帯は各部の強度を落とさないように、適切な保管管理に努める必要があります。さらに、点検基準を定めて定期的に点検を行い、劣化したら廃棄し、新しいものと交換することが肝要です。

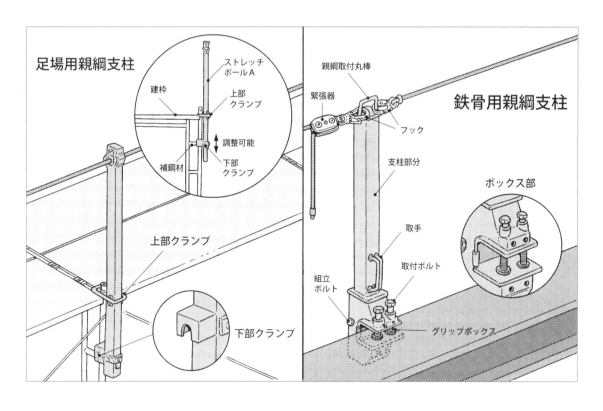

安全帯の装着方法

❶安全帯のベルトは、できる限り腰骨のすぐ上で、墜落阻止時に足部のほうへ抜けない位置に締めつける（締めつけ具合は、ベルトとの間に指が2本入る程度が良い）。

❷D環は、できる限り身体の斜め後ろになるように装着する。

❸ドライバーなどの工具をベルトに刀差ししないようにする。

●1本つり専用胴ベルト型・ハーネス型の使用方法

❶安全帯ロープを取り付ける構造物などの位置は、D環あるいは巻き取り機より高い位置にあるものを選ぶ。

❷垂直構造物や斜材などに取り付ける場合、墜落阻止時にロープがずれたり、こすれたりしないようにする。

❸万一墜落した場合、振り子状態になって構造物に激突しないような場所に取り付ける。

❹墜落阻止時に床面などに接触するおそれのある場合、床面からロープの長さの2倍以上の高さにある構造物に取り付ける。

❺1本つり・U字つり兼用安全帯を1本つりで使用する際は、ロープの長さを1.5メートル以下にして使用する。

❻ハーネス型安全帯の場合は、複数のベルトで構成されているため、ベルトに捻れが生じないように装着する。D環は背部にあるため、ランヤード接続の際には第三者に状態を確認してもらってから作業を開始する。

●U字つり状態での使用方法

❶U字つり状態にする場合、フックがD環に確実に掛かっていることを目視で確認し、ロープは作業に必要最小限の長さに調整する。体重を掛けるときは、手を離したまま体重を掛けないで徐々に体重を移し、異常

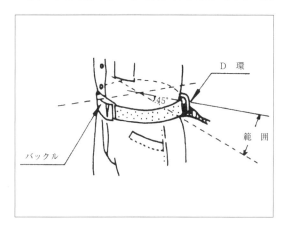

スライドバックル

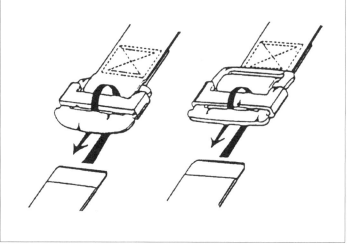

折り返しバックル

がないことを確かめてから手を離す。
❷電柱などに回したロープの位置は、腰に装着したベルトの位置より上になるようにして使用する。
❸墜落阻止時にロープが下にずり落ちないような場所にロープを取り付ける。
❹1本つり専用安全帯はU字つり状態で絶対に使用しない。

●親綱への取り付け方
【水平親綱の場合】
❶ロープを取り付ける対象物が身近になく、また、移動する場合は、腰に装着したベルトより高い位置に水平親綱を張り、フックを取り付けて使用する。
❷1スパンの親綱を利用する作業者数は、原則として1人とする。
❸墜落した場合、振り子状態となって物体に激突しないようにする。
❹墜落時に親綱の垂下量が大きいため、下方の障害物や床面に作業者が接触しないよう、親綱を調整して使用する。

【垂直親綱の場合】
❶親綱に安全帯を取り付ける場合、グリップにフックを掛けて使用する。
❷グリップは上下の方向を間違わないようにし、親綱からの外れ止め装置を確実にセットする。
❸親綱に取り付けたグリップの位置は、腰に装着したベルトの位置よりも上に取り付けて使用する。
❹1本の親綱を利用する作業者数は、原則として1人とする。
❺万一墜落した場合に、振り子状態になって物体に激突しないように使用する。
❻長い親綱の下方で使用する場合、墜落時に下方の障害物に接触しないように使用する。

安全帯の使用に関する主な関連法規

1 安全帯を使用しなければならない作業
・高さ2m以上で、墜落防止措置を講じることが困難な場所での作業（安衛則第518条）
・高さ2m以上の作業床の端や開口部で、手すりなどを設けることが困難な場所での作業（安衛則第519条）
・粉砕機および混合器の開口部で、転落のおそれなどがある場合（安衛則第142条）
・ゴンドラの作業床で作業を行うとき（ゴンドラ則第17条）
・酸素欠乏危険作業で、作業者が酸欠症で転落するおそれのある場合（酸欠則第6条）

2 事業者・労働者の責務
・事業者は、高さ2m以上の高所作業で作業員に安全帯を使用させる場合には、安全帯を取付ける設備を設けなければならない（安衛則第521条）
・労働者は、高さ2m以上の高所作業で安全帯を命じられたときは使用しなければならない（安衛則第520条）

3 作業主任者が安全帯の使用状況を監視しなければならない作業
・型わく支保工の組立て等作業主任者（安衛則第247条）
・地山の掘削作業主任者（安衛則第360条）
・土止め支保工作業主任者（安衛則第375条）
・ずい道等の掘削等作業主任者（安衛則第383条の3）
・ずい道等の履行作業主任者（安衛則第383条の5）
・採石のための掘削作業主任者（安衛則第404条）
・林業架線作業主任者（安衛則第514条）
・建築物等の鉄骨の組立て等作業主任者（安衛則第517条の5）
・鋼橋架設等作業主任者（安衛則第517条の9）
・木造建築物の組立て等作業主任者（安衛則第517条の13）
・足場の組立て等作業主任者（安衛則第566条）

■安全帯の廃棄基準

　安全帯を使っていながら、墜落・転落災害を被ってしまっては何もなりません。正しく着用・使用するとともに、十分な強度を持っているか、日常から注意を払っておくことが重要ですが、管理を怠っている事業場も少なくないのではないでしょうか。本稿では、日本安全帯研究会がまとめた安全帯の廃棄基準を紹介します。該当する場合は、即座に新しいものと交換し、安全の確保に努めることが重要です。

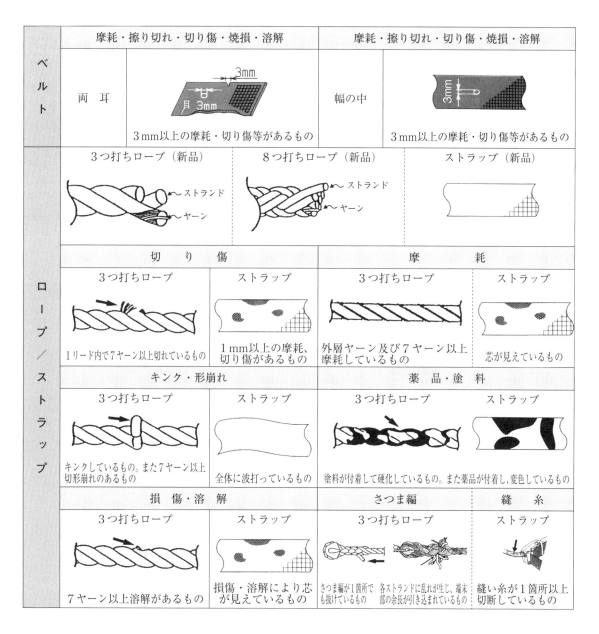

	変　形	磨滅・傷
バックル	変形し、締まり具合の悪いもの	1mm以上の磨滅、傷のあるもの
環類	目視で変形が確認できるもの	1mm以上の磨滅、傷のあるもの
フック	外れ止め装置の開閉作動の悪いもの	1mm以上の磨滅、傷のあるもの
伸縮調節器	目視で変形が確認できるもの	1mm以上の磨滅、傷のあるもの
巻取り器	ロープ／ストラップの巻込み、引出しができないもの	ベルト通し環が破損しているもの

※巻取り器の右列見出しは「破損・傷」

日本安全帯研究会『安全帯の正しい使い方』より

安全帯点検チェックリスト

廃棄基準に達しているものは新品と取り替えてください

[日常の点検を奨励してください]

レ：異常なし
△：以上あり
◎：要修理

点検項目			廃棄基準	判定
ベルト	両耳	摩耗・擦り切れ	3mm以上の摩耗・擦り切れのあるもの	
		切り傷	3mm以上の切り傷のあるもの	
		焼損・溶解	3mm以上焼損・溶解しているもの	
	幅の中	摩耗・擦り切れ	3mm以上の摩耗・擦り切れのあるもの	
		切り傷	3mm以上の切り傷のあるもの	
		焼損・溶解	3mm以上焼損・溶解しているもの	
	全体	薬品・塗料	3mm以上付着しているもの	
		切り傷	3mm以上の切り傷のあるもの	
		焼損・溶解	3mm以上焼損・溶解しているもの	
		先端金具の変形	バックルに通らなくなったもの	
	縫製部	縫糸	1カ所以上切断しているもの	
ロープ		切り傷	1リード内に7ヤーン以上の切り傷のあるもの	
		摩耗	摩耗して、棒状になったもの	
		キンク	キンクしているもの	
		薬品・塗料	汚れ・変色・硬化しているもの	
		焼損・溶解	1リード内に7ヤーン以上焼損・溶解しているもの	
		シンブル	脱落しているもの	
		さつま編	抜けているもの	
			ストランドの乱れや端末部の余長が引き込まれているもの	
		変形	形崩れ・著しい縮みのあるもの	
			使用開始から2年が経過しているもの	
ストラップ		摩耗・擦り切れ	芯の露出、また1mm以上の摩耗・擦り切れのあるもの	
			使用開始から2年が経過しているもの	
		切り傷	芯の露出、また1mm以上の切り傷のあるもの	
		焼損・溶解	芯の露出、また1mm以上焼損・溶解しているもの	
		薬品・塗料	汚れ・変色・硬化しているもの	
		縫糸	摩耗・擦り切れ・切断しているもの	
バックル		変形	締まり具合が悪いもの	
			リベットのカシメ部にガタ・変形があるもの	
		磨滅・傷	深さ1mm以上の磨滅・傷・亀裂があるもの	
			リベットのカシメ部が2分の1以上磨滅しているもの	
			ベルトの噛合部が磨滅しているもの（正しく装着し、腹部に力を入れてベルトがゆるむもの）	
		錆	全体に錆が発生しているもの	
		バネ	破損・脱落しているもの	
環類 （D環・角環・8字環）		変形	目視で確認できる変形のあるもの	
		磨滅・傷	深さ1mm以上の磨滅・傷・亀裂があるもの	
		錆	全体に錆が発生しているもの	
フック		変形	外れ止め装置の開閉操作の悪いもの	
			リベットのカシメ部にガタつきがあるもの	
		磨滅・傷	深さ1mm以上の磨滅・傷・亀裂があるもの	
			リベットのカシメ部が2分の1以上磨滅しているもの	
		錆	全体に錆が発生しているもの	
		バネ	折損・脱落しているもの	
伸縮調節器		変形	ロープの伸縮調節器の作動が困難なもの	
			リベットのカシメ部にガタつきがあるもの	
		磨滅・傷	深さ1mm以上の磨滅・傷・亀裂があるもの	
			リベットのカシメ部が2分の1以上磨滅しているもの	
		錆	全体に錆が発生しているもの	
		バネ	折損・脱落しているもの	
巻取り器		変形	ストラップの巻き込み、引出しができていないもの	
		取付ネジ	巻取り器の取付ネジが脱落しているもの	
		破損・傷	ベルト通し環が破損しているもの	

4 手すり先行工法

安心感のある足場づくりを

墜落災害の中でも、特に高い割合を占めているのが足場からの墜落です。建設業における死亡災害を撲滅するためにも、足場からの墜落災害の減少に努めることが不可欠であることから進められている取組みが、「手すり先行工法」です。これは、足場の組立て・解体を行う際に、作業床の最上層に常に手すりがある状態を維持する工法で、厚生労働省が平成15年4月に策定した「手すり先行工法に関するガイドライン」に基づくもの。平成21年には労働安全衛生規則の改正を受け、「手すり先行工法等に関するガイドライン」が策定されています。

このガイドラインは、「手すり先行工法による足場の組立て等に関する基準」と「働きやすい安心感のある足場の基準」の2つから成り立っています。

手すり先行工法による足場の組立て等に関する基準

足場の組立て、解体または変更の作業においては、足場に関する労働安全衛生関係法令遵守はもちろん、さらに労働者が足場から墜落する危険を減少させるため、「手すり先行工法」の活用が望まれます。手すり先行工法には以下の方式があります。

●**手すり先送り方式**（組立て手順例16頁）

足場の最上層より一層下の作業床上から、建枠の脚柱等に沿って上下スライド等が可能な手すり又は手すり枠を、最上層の作業床の端となる個所に先行して設置する方式。あくまで足場を組み立てるための手すり又は手すり枠であり、常に最上層のみに設置されます。

●**手すり据置き方式**（組立て手順例18頁）

最上層より一層下の作業床上から、据置き型の手すり又は手すり枠を最上層の作業床の端となる個所に先行して設置する方式。足場組立て後も手すり又は手すり枠として機能するもので、一般的に足場全層の片側構面に設置されます。

●**手すり先行専用足場方式**（組立て手順例20頁）

最上層より一層下の作業床上から手すりの機能を有する部材を設置する方式。据置き方式と同様、足場組み立て後も手すり・手すり枠として機能するほか、筋かいとしての機能も有する構造の、手すり先行専用のシステム足場です。

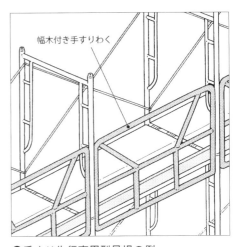

●手すり先行専用型足場の例

働きやすい安心感のある足場に関する基準

足場上の作業は高い緊張状態を要求されます。この緊張を緩和し、より安全な作業を行うためにも、以下の基準を満たす、働きやすい安心感のある足場とすることが重要です。

● 手すり据置き方式・手すり先行専用足場方式で組み立てられた足場で、手すり、中さん及び幅木の機能を有する部材があらかじめ足場の構成部材として備えられているもの。

● 手すり先送り方式・手すり据置き方式で組み立てられた足場であって、足場の種類ごとに次の措置を講じたもの。

ア　わく組足場（妻面を除く）にあっては、
(ア)交さ筋かいに高さ15センチメートル以上40センチメートル以下のさん（下さん）若しくは高さ15センチメートル以上の幅木又はこれらと同等以上の機能を有する設備を設けた上で、上さんを設けたもの又はこれらの措置と同等以上の機能を有する手すり枠を設けたもの。
(イ)防音パネル、ネットフレームの設置等(ア)と同等以上の措置を講じたもの。

イ　わく組足場以外の足場（わく組足場の妻面を含む）にあっては、高さ85センチメートル以上の手すり又はこれと同等以上の機能を有する設備（手すり等）及び高さ35センチメートル以上50センチメートル以下のさん又はこれと同等以上の機能を有する設備（中さん等）を設けた上で幅木を設けたもの又はこれと同等以上の措置を講じたもの。

● メッシュシート等の設置
上記の足場に墜落災害の防護のため、メッシュシート、安全ネットを設置することが望ましいこと。

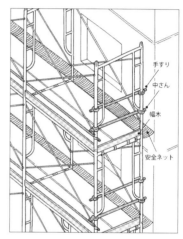

● 妻側／躯体と足場間に安全ネットを取付けた例

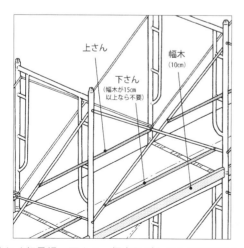

● わく組足場に下さん、幅木及び上さんを取付けた例

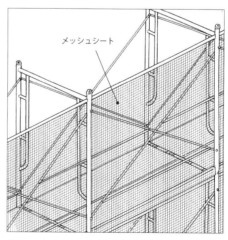

● メッシュシートを取付けた例

●第1章　墜落・転落災害防止対策

手すり先送り方式の組立て手順例

■1層目の組立て

- ・足場の基礎
    - ①砕石敷き、転圧
    - ②敷板の配置
- ・ジャッキ型ベース金具の配置

- ・建わく、交さ筋かいの組立て
- ・脚部の固定
    - ①通りの確認
    - ②内側ジャッキ型ベース金具の釘止め
    - ③水平の確認
    - ④外側ジャッキ型ベース金具の釘止め
    - ⑤根がらみの取付け

- ・先送り手すり機材の取付け
    - ①ガイドレール又は固定金具の取付け
    - ②先送り手すり機材の取付け
    - ③先送り手すり機材の2層目への押上げ

- ・床付き布わく、階段の取付け
- ・階段開口部手すりの取付け

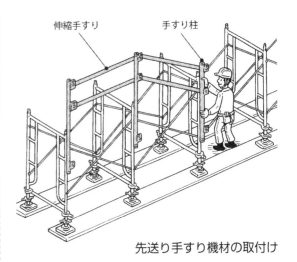

先送り手すり機材の取付け

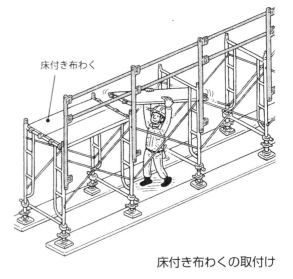

床付き布わくの取付け

4　手すり先行工法

■2層目以上の組立て

- 建わく、交さ筋かいの取付け

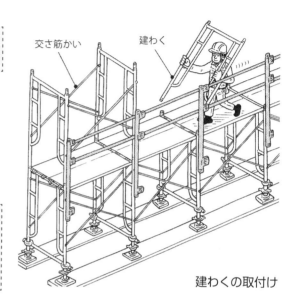

建わくの取付け

▼

- 先送り手すり機材の盛替え
    ①ガイドレール又は固定金具の取付け
    ②先送り手すり機材の上層への盛替え

▼

- 床付き布わく、階段の取付け
- 壁つなぎの取付け
- 開口部、妻側手すりの取付け

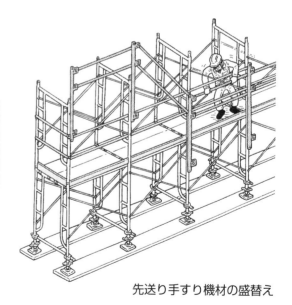

先送り手すり機材の盛替え

手すり据置き方式の組立て手順例

■1層目の組立て

・足場の基礎
　①砕石敷き、転圧
　②敷板の配置
・ジャッキ型ベース金具の配置

▼

・建わく、交さ筋かいの組立て
・脚部の固定
　①通りの確認
　②内側ジャッキ型ベースの金具の釘止め
　③水平の確認
　④外側ジャッキ型ベース金具の釘止め
　⑤根がらみの取付け

▼

・2層目の据置き手すり機材の取付け

▼

・床付き布わく、階段の取付け
・階段開口部手すりの取付け

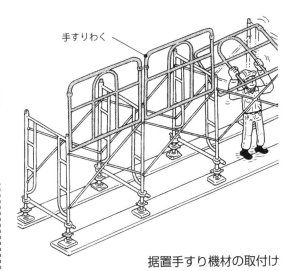

据置手すり機材の取付け

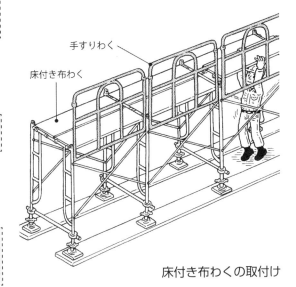

床付き布わくの取付け

4 手すり先行工法

■2層目以上の組立て

- 建わく、交さ筋かいの取付け

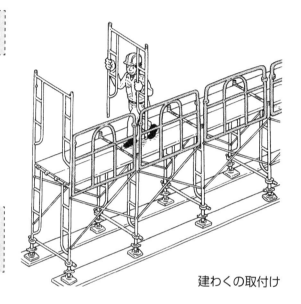
建わくの取付け

- 据置き手すり機材の上部固定(必要な場合)
- 上層の据置き手すり機材の取付け

- 床付き布わく、階段の取付け
- 壁つなぎの取付け
- 開口部、妻側手すりの取付け

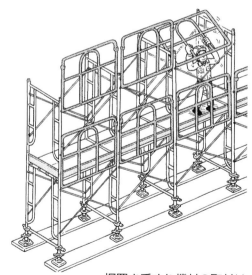
据置き手すり機材の取付け

● 第1章 墜落・転落災害防止対策

手すり先行専用足場方式の組立て手順例

■ 1層目の組立て

・足場の基礎
　①砕石敷き、転圧
　②敷板の配置
・ジャッキ型ベース金具の配置

▼

・専用の建わくの組立て
・専用の手すり機材の組立て

▼

・脚部の固定
　①通りの確認
　②内側ジャッキ型ベース金具の釘止め
　③水平の確認
　④外側ジャッキ型ベース金具の釘止め
　⑤根がらみの取付け（必要な場合）

▼

・床付き布わく、階段の取付け
・階段開口部手すりの取付け

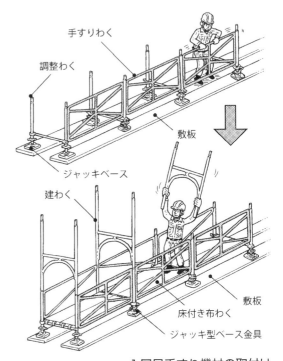

1層目手すり機材の取付け

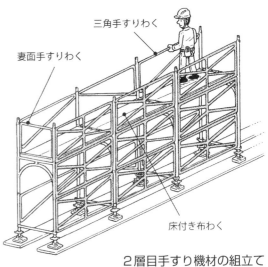

2層目手すり機材の組立て

■2層目以上の組立て

- ・専用の建わくの取付け
- ・専用の手すり機材の取付け
  （妻側手すりを含み、上層まで）

▼

- ・床付き布わく、階段の取付け
- ・壁つなぎの取付け
- ・開口部手すりの取付け

建わくの取付け

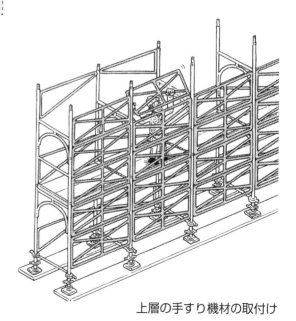

上層の手すり機材の取付け

●第1章　墜落・転落災害防止対策

足場に係る労働安全衛生規則の改正事項（平成27年7月施行）等自主点検表

◎は改正労働安全衛生規則に定める措置、その他は改正「足場からの墜落・転落災害防止総合対策推進要綱」により推進する措置です。点検事項ごとに措置が「適」になっているか確認してください。
　（特に、◎が適となっていない場合は速やかに是正してください。）

			点 検 事 項	該当	措置	備考
1 設計	(1)		足場の組立図を作成しているか。	□有・□無	□適・□否	
	(2)	◎	床材と建地との隙間は12センチメートル未満になっているか。	□有・□無	□適・□否	
		◎	作業の性質上この要件を満たすことが困難な場合など※1に、その箇所に防網を張る等しているか。 →　困難な場合（　　　　）	□有・□無	□適・□否	講ずる措置 □防網 □その他（　　）
	(3)		＜わく組足場＞ 足場の建地の中心間の幅が60センチメートル以上の場合、足場の後踏側（躯体と反対側）に「15センチメートル以上でできるだけ高い幅木」を設けているか。	□有・□無	□適・□否	
	(4)		＜わく組足場＞ 足場の後踏側に「上さん」を設置しているか。	□有・□無	□適・□否	
	(5)		＜わく組足場以外の足場＞ 足場の建地の中心間の幅が60センチメートル以上の場合、足場の後踏側に「幅木等」を設置しているか。	□有・□無	□適・□否	
	(6)	◎	建地の最高部から測って31メートルを超える部分の建地の鋼管が1本である場合、設計荷重が建地の最大使用荷重を超えていないか。	□有・□無	□適・□否	
2 組立て等	(1)	◎	幅40センチメートル以上の作業床を設けているか。	□有・□無	□適・□否	
	(2)	◎	安全帯を安全に取り付けるための設備等※2を設け、労働者に安全帯を使用させているか。	□有・□無	□適・□否	講ずる措置 □手すり等 □その他（　　）
3 通常作業	(1)	◎	作業の必要上臨時に手すり等を取り外す場合、関係労働者以外の労働者を立ち入らせないこととしているか。	□有・□無	□適・□否	
	(2)	◎	作業の必要上臨時に手すり等を取り外す場合、取り外す必要がなくなった後、直ちに原状に戻しているか。	□有・□無	□適・□否	

墜落防止チェックリスト、点検表

			点 検 事 項	該当	措置	備考
4 点検	(1)-1	◎	<注文者の場合> 請負人の労働者に足場を使用させる時に、足場の組立て等の後の点検を実施しているか。	□有・□無	□適・□否	
	(1)-2		足場の組立て等作業主任者であって、足場の組立等作業主任者能力向上教育を受講している者等の十分な知識、経験を有する者[※3]が点検しているか。	□有・□無	□適・□否	
	(1)-3		足場の組立て等の当事者以外が点検しているか。	□有・□無	□適・□否	
5 特別教育	(1)-1	◎	足場の組立て等の業務に初めて就かせる労働者に特別教育を実施しているか。	□有・□無	□適・□否	
	(1)-2	◎	平成27年7月1日時点で現に足場の組立て等の業務に就いている労働者には、2年以内に特別教育を実施することになっているか。	□有・□無	□適・□否	

記入要領
1. 「該当」及び「措置」の欄には「有・無」あるいは「適・否」のいずれかに「レ」を付すこと。
2. 1(2)「点検事項」欄の下欄の括弧内に困難な場合を具体的に記入すること。
3. 1(2)下欄及び2(2)について、「備考」欄の講ずる措置は当てはまるものに「レ」を付すこと。また、その他の場合は括弧内に具体的に記入すること。

※1 「困難な場合など」について
　　次の場合が該当すること。
　　(1) はり間方向における建地と床材の両端との隙間の和が24センチメートル未満の場合
　　(2) はり間方向における建地と床材の両端との隙間の和を24センチメートル未満とすることが作業の性質上困難な場合
　　また、はり間方向における建地の内法幅が64センチメートル未満の足場の作業床であって、床材と腕木との緊結部が特定の位置に固定される構造の鋼管用足場の部材で、平成27年7月1日現にあるものが用いられている場合は適用されないこと。

※2 「安全帯を安全に取り付けるための設備等」について
　　「安全帯を安全に取り付けるための設備」とは、安全帯を適切に着用した労働者が墜落しても、安全帯を取り付けた設備が脱落することがなく、衝突等に達することを防ぎ、かつ、使用する安全帯の性能に応じて適当な位置に安全帯を取り付けることができるもので、このような要件を満たすように設計され、当該要件を満たすように設置した手すり、手すりわく及び親綱が含まれること。
　　「安全帯を安全に取り付けるための設備等」の「等」には、建わく、建地、手すり等を、安全帯を安全に取り付けるための設備として利用することができる場合が含まれること。

※3 「十分な知識、経験を有する者」
　　他に、労働安全コンサルタント（試験の区分が土木又は建築である者）等労働安全衛生法第88条に基づく足場の設置等の届出に係る「計画作成参画者」に必要な資格を有する者、全国仮設安全事業協同組合が行う「仮設安全監理者資格取得講習」、建設業労働災害防止協会が行う「施工管理者等のための足場点検実務研修」を受けた者等十分な知識・経験を有する者が挙げられること。

墜落防止チェックリスト（共通事項）

チェックポイント	点検良否	是正項目	再点検
1．高さが2m以上の場合で、墜落のおそれがある作業につく場合、足場等を設け、作業床を確保しているか。			
2．高さが2m以上の作業床の端、開口部などで墜落のおそれがある場所には囲い等の墜落防護設備、覆い等が設けられているか。			
3．防護設備は安全基準に適合したものか。			
4．「開口部注意」の表示をしているか。			
5．高さ、または深さが1.5mを超える場所の作業に昇降設備を設けているか。			
6．採光または照度はよいか。			
7．作業床がどうしても設けられない場合、防網を張り、作業員に安全帯を使用させるなど、墜落災害の防止措置を講じているか。			
8．防護設備をどうしても設けられない場合、または臨時に防護設備を取り外す場合、防網を張り、作業員に安全帯を使用させるなど（保護帽を含む）、墜落災害の防止措置を講じているか。			
9．安全帯の取りつけ設備はよいか（親綱張り、丸環などの取りつけの点検）。			
10．親綱はポリエステルやナイロンロープまたはワイヤロープ以外のロープを使用していないか。			
11．親綱の材質（強度）の確認をしているか。			
12．親綱のエンドの処理方法は適当であるか。			
13．安全帯および取りつけ設備の異常の有無について、定期および使用前に点検しているか。			
14．建築物、橋りょう、足場などの組み立て・解体または変更の作業を行う場合で作業員が墜落の危険があるときは、作業指揮者を指名して、その者に直接作業を指揮させているか。			
15．作業主任者または作業指揮者を選任または指名し、作業開始前に作業の方法および順序を作業員に周知させ、安全作業の注意を与えるとともに作業中は作業を監視させているか。			
16．足場の組立て・解体または変更の作業を行う作業員は特別教育を修了しているか。			
17．墜落の危険がある個所に立ち入り禁止の措置を行い、関係作業員以外の者の立ち入りを禁止しているか。			
18．段取りがえ時など、工事の競合による他職種間との連絡は十分か。			
19．強風、大雨、大雪など悪天候のため作業の実施について危険が予想されるときは作業を禁止しているか（高さ2m以上の個所の作業のとき）。			
20．強風、大雨、大雪などの悪天候、中震以上の地震、足場の組み立て・一部解体変更の後に、足場の点検をしているか。			
21．作業床上の積載物は表示してある最大積載荷重を超えていないか。			
22．作業床に集中荷重や著しい衝撃を与えていないか。			
23．未経験者を作業につかせるとき、安全教育を行ってからにしているか。			
24．作業員の配置は適切であるか。			
25．作業員の保護帽・服装・安全靴は適正であるか。			
26．定められた通路、昇降設備を利用しているか。			

墜落防止チェックリスト（作業床・足場板・開口部）

チェックポイント	点検良否	是正項目	再点検
作業床からの墜落防止 1．腕木、布、はり、その他作業床の支持物は、これにかかる荷重に対して十分安全か。 2．ひび割れ、きず、腐食は著しくないか。 3．腕木等の間隔は適当か。 4．緊結方法は適当か。 5．手すりの設備はよいか。 6．雨、雪などで濡れているときは、滑らないように配慮しているか。 7．履物の裏はすり減っていないか。 8．作業方法は適切か。 9．作業床が確保されていない場合、安全帯を適切に使用させているか。			
足場板からの墜落防止 1．足場板の幅は40cm以上、床材間のすき間は3cm以下、床材と建地とのすき間は12cm未満か。 2．大節、きず、虫食い、腐朽などは著しくないか。 3．端が腕木に緊結してあるか。 4．"てんびん"状態になるおそれはないか。 5．腕木は3本以上にまたがって敷いてあるか。 6．足場板の上に砂、モルタルなどがこぼれていないか。 7．履物の裏がすり減っていないか。 8．足場板の上で重いものを取り扱う作業をしていないか。 9．体の構え方は安定しているか。 10．仮置き資材の転び止めは設けてあるか。また荷重は制限以内か。			
開口部からの墜落防止 1．開口部にはすべて手すり、囲い、覆い、または蓋など、墜落防護設備が設けられているか。 2．防護設備は安全基準に適合したものか。 3．防護設備に「開口部注意」の表示があるか。 4．開口部の蓋は丈夫な厚さで移動しないよう、さんを取りつけているか。 5．照明設備は十分か。 6．開口部の付近に接近して材料が積まれていないか。 7．開口部の周囲から材料の飛来・落下のおそれはないか。 8．開口部にどうしても防護設備が設けられない場合、または必要があって防護設備を外したときは、防網を張り、作業員に安全帯を使用させるなどの墜落防止対策を講じているか。			

墜落防止チェックリスト（資材搬入口）

チェックポイント	点検良否	是正項目	再点検
1．照明設備はあるか。照度は適切か。 2．開口部には墜落防護設備はあるか。 3．防護設備は安全基準に適合したものか。 4．開口部の材料取り入れ口は、取り扱いに便利な防護設備であるか。 5．安全帯の取りつけ設備はあるか。 6．取り込み口の床端には滑り止めなどの足がかりがあるか。 7．材料の取り込みには、つりワイヤロープ、玉掛け用ワイヤロープ、つり荷などに直接手をかけて取り込んでいないか。 8．搬器と踊り場のすきまは大きすぎないか。（4cm以下） 9．次の表示が見やすく掲示されているか。 　(1)「材料上げ降ろし口」を表示し、関係者以外の立ち入りを禁止し、むやみに材料を置くことを禁止する表示をする。 　(2) 建設リフトの運転者は特別教育修了者をあて、その氏名を表示しているか（運転上の注意、荷上げする資材の荷重の目安も表示）。 　(3) つり上げ荷重が1t以上のクレーン、移動式クレーンまたはデリックの玉掛けの業務は玉掛技能講習修了者または免許者であるか。 　(4) つり上げ荷重が1t未満のクレーン、移動式クレーンまたはデリックの玉掛けの業務は特別教育の修了者であるか。 　(5) 建設リフトの場合、搬器に人が乗ることを禁止し、かつ「人の搭乗厳禁」を表示しているか。 　(6) 建設リフトにその積載荷重を超える荷重をかけて使用していないか。 10．材料の上げ降ろしをしない下階などに防網を張ってあるか。 11．荷上げを開始するときは「荷上げ中」の標識を掲示するか、標識代わりのランプがつくようになっているか。 12．下階の危険区域を指定し、立ち入りを禁止し、標識を掲示し、柵や囲いなどを設けているか。または防網で墜落防護の方法を講じているか。 13．上げ降ろしの信号合図を統一して定め、各階に表示し、作業員に守らせているか（2種以上。例　ベルと回転灯） 14．荷くずれ、飛来・落下のおそれがある場合、または上下同時作業などの場合、監視人を配置しているか。 15．搬器は荷上げ終了後は必ず下に降ろしているか。 16．墜落の危険がある取り込み作業には必ず安全帯を使用させているか。			

墜落防止チェックリスト（屋根）

チェックポイント	点検良否	是正項目	再点検
波型石綿スレートの踏み抜き防止 1．作業指揮者は指名されているか。 2．足場板（幅30cm以上）を屋根面に敷いて作業しているか。 3．歩み板は"てんびん"にならないように架設しているか。 4．屋根上の歩行に防網を張り、踏み抜き防止をしているか。 5．鉄骨小屋組み下部面に、防網、もしくは水平養生網を設け、墜落防止を図っているか。 6．木毛板・スレートなどを作業床などに仮置きする場合は、最大積載荷重を表示しているか。作業床に物を載せるとき、集中荷重にならないか。 7．重いものをスレートに直接置いていないか。また持って歩いていないか。材料の上げ降ろし作業には、作業床を設けているか。 8．安全帯を取りつける設備はあるか。親綱は設けているか。 9．安全帯を使用しているか。 **屋根上の転倒防止** 1．滑り止めの対策はできているか。 2．屋根ふきを行う場合は屋根足場を設けているか。 3．滑りやすい履物を使っていないか。 4．風雨、雪などにより滑りやすい状態のときに就業していないか。 5．親綱は設けているか。 6．安全帯を使用しているか。取りつけ設備はよいか。 7．屋根上に材料、工具などを投げ降ろしていないか。 8．強風時に屋根に登っていないか。 9．不安定なものの上を歩いていないか。 10．作業中の体の位置、方向、構え方はよいか。			

足場共通事項点検表(架設通路・登桟橋)

チェック項目	関係法令	点検良否	是正を要する事項	再点検
架設前点検 　　　足　場　板				
(1) 幅20cm以上、厚さ3.5cm以上、長さ3.6m以上であるか。	安衛則563条の2			
(2) 節、きず、虫食いなどが大きくないか。	安衛則559条			
(3) 腐食、ひび割れがないか。	安衛則559条			
(4) 木目の具合は悪くないか。	安衛則559条			
架設中・直後点検 　　架設通路・登桟橋(踊り場とも)				
(1) 丈夫な構造であるか。	安衛則552条			
(2) 通行に十分な幅があるか。				
(3) こう配は30°以下であるか。	安衛則552条			
(4) こう配が15°以上の場合、踏み桟があるか。 　(間隔35cm内外、等間隔)	安衛則552条			
(5) 踊り場の広さと位置は適当か。 ・立て坑内の架設通路でその長さが15m以上であるものは、10m以内ごとに踊り場を設ける。 ・建築工事に使用する高さ8m以上の登桟橋には7m以内ごとに踊り場を設ける。	安衛則552条			
(6) 高さ85cm以上の手すりがあるか。				
(7) 高さ35cm以上、50cm以下のさん又はこれと同等以上の機能を有する設備、または金網柵などで覆っているか。				
(8) 構台に材料を置く場合、最大積載荷重を表示し、超過していないか。				
(9) 構築物への渡り桟橋はあるか。また、手すりがついているか。				
(10) 作業床は全面に敷きつめているか。 　(登桟橋、踊り場など)				

足場共通事項点検表（作業床）

チェック項目	関係法令	点検良否	是正を要する事項	再点検
架設中・直後点検 **作業床（通路を含む）**				
(1) 2m以上の高所作業（作業床の端、開口部など除く）では足場などを組み立てる等の方法により、作業床を設けているか。	安衛則518条			
(2) 屋根上の作業で踏み抜きのおそれのある作業で幅30cm以上の足場板を設置しているか。	安衛則524条			
(3) 作業床または通路（幅40cm以上）として十分な幅が確保されているか。	安衛則563条			
(4) 板のすき間は3cm以下であるか。	安衛則563条			
(5) 床材と建地とのすき間は12cm未満か。				
(6) 足場板（長さ3.6m以上、幅20cm以上、厚さ3.5cm以上）を用いて作業に応じて移動させる場合、以下の措置を講じているか。 　a．3以上の支持物に架け渡しているか。 　b．天秤になるおそれはないか。 　　（突出部は10cm以上とし、足を掛けるおそれがない場合を除き、足場板の長さの18分の1以下となるようにする） 　c．長手方向の足場板は支点の上で重ねてあるか。重ね代は20cm以上か。	安衛則563条			
(7) 足場板は2以上の支持物に取りつけてあるか（作業に応じて移動しない場合）。	安衛則563条			
(8) 作業床の最大積載荷重を定め、足場の見やすいところに表示しているか。	安衛則655条			

足場共通事項点検表（足場組立て・解体作業）

チェック項目	関係法令	点検良否	是正を要する事項	再点検
架設中・直後点検 　　**足場組立て・解体作業**				
⑴　高さ5m以上の足場の組立て・解体変更作業は作業主任者の直接指揮の下で作業が行われているか。作業主任者は技能講習を修了した者の中から選任しているか。	安衛則565条			
⑵　高さ5m未満の足場の組み立て・解体または変更の作業を行う場合には、作業指揮者を指名して、その者に直接指揮させているか。	安衛則529条			
⑶　高さ2m以上の足場の組立て・解体または変更の作業を行う作業員は特別教育を修了しているか。				
⑷　あらかじめ、作業の方法、時期、範囲および順序を従事する労働者に周知させているか。	安衛則564条			
⑸　作業区域内では、関係者以外の立ち入り禁止の措置を講じているか。	安衛則564条			
⑹　強風、大雨、大雪の悪天候のため作業の実施について危険が予想されるときは、作業を中止しているか。	安衛則564条			
⑺　緊結、取り外し、受け渡しの作業のときは、幅40cm以上の足場板を設けているか。	安衛則564条			
⑻　安全帯を使用しているか。	安衛則564条			
⑼　物の落下のおそれのある場所で、材料、器具、工具などの上げ、下げには、つり袋、つり綱を使用しているか。	安衛則564条			
⑽　保護帽はアゴヒモを完全に締めて着用しているか。	安衛則566条			
⑾　作業主任者は下記のことを行っているか。 　a．材料の欠点の有無を点検し、不良品を取り除いているか。 　b．器具、工具、安全帯、保護帽の機能を点検し、不良品を取り除いているか。 　c．作業の方法と労働者の配置を決定し、作業の進行を監視しているか。 　d．安全帯や保護帽の使用状況を監視しているか。	安衛則566条			

足場共通事項点検表（悪天候・地震後）

チェック項目	関係法令	点検良否	是正を要する事項	再点検
悪天候、中震以上の地震の後および足場の組み立て、一部解体、変更後の点検 (1) 床材の損傷、取りつけおよび掛け渡しの状態に異常はないか。 (2) 建地、布、腕木などの緊結部、接続部および取りつけ部にゆるみがないか。 (3) 緊結材および緊結金具に損傷及び腐食はないか。 (4) 手すりなどの取り外しおよび脱落の異常はないか。 (5) 幅木などが外れていないか。 (6) 脚部の沈下および滑動の状態に異常はないか。 (7) 筋かい、控え、壁つなぎなど、補強材の取りつけ状態に異常はないか。 (8) 建地、布および腕木に損傷はないか。 (9) 突りょうとつり索の取りつけ部の状態およびつり装置の歯止めの状態に異常はないか。 備考　つり足場を使用するときは上記(1)〜(5)、(7)および(9)について点検し、異常を認めたときは直ちに補修する。	安衛則567条 安衛則568条			

単管足場点検表

チェック項目	関係法令	点検良否	是正を要する事項	再点検
架設前点検 　　鋼　　管 (1) 鋼管規格品であるか。 (2) 規格品外であるときは、定められた強度（材質、肉厚）であるか。	安衛則560条			
架設中・直後点検 　　建　　地 (1) 建地は傾斜していないか。 (2) 間隔はよいか（けた行1.85m以下、はり間1.5m以下）。 (3) 浮いた建地はないか（ベース金具は針止めしているか）。 (4) 沈下または滑動のおそれはないか。 　　（敷板、敷角等の使用） (5) 接続部または交差部の附属金具はよいか。 (6) 開口部などは2本組みなどによって補強されているか。	 安衛則571条 安衛則570条 安衛則570条			
布・腕木 (1) 布の高さはよいか（地上第1の布2m以下）。 (2) 腕木の間隔は広すぎないか（間隔1.5m以下）。	安衛則571条			
補　　強 (1) 壁つなぎは規定を満たし、かつ風荷重を考慮して決定しているか。 　　（垂直方向5m、水平方向5.5m以下） (2) 鋼管、丸太など、堅固な材料を用いているか。 (3) 圧縮材は十分に効いているか（引張材との間隔1m以内）。 (4) 筋かいは十分か。 (5) 鋼管の接続部または交差部は、付属金具で確実に緊結してあるか。 (6) 建地の下端に作用する設計荷重が最大使用荷重以下であるか。	安衛則570条 安衛則570条 安衛則570条 安衛則570条 安衛則570条 安衛則571条			

わく組足場点検表

チェック項目	関係法令	点検良否	是正を要する事項	再点検
架設中・直後点検 　　主　　枠 (1)　枠組みは傾斜していないか、敷角は水平か。 (2)　脚部の滑動または沈下はないか。 (3)　結合部の緩みまたは脱落はないか。	安衛則570条			
水　平　材 (1)　水平になっているか。 (2)　所定の位置に完全についているか。 　　最上層及び5層以内ごとに水平材があるか。 　　（注）取付けた布枠が4カ所ロック付であれば水平材とみなす。	安衛則571条 ※安衛則571条			
補　　強 (1)　壁つなぎは規定を満たし、かつ風荷重を考慮して決定しているか。（垂直方向9m、水平方向8m以下）。 (2)　梁枠及び持ち送り枠は水平筋かいなどによって横振れ防止の補強が行われているか。 (3)　筋かいは十分か。	安衛則570条 安衛則571条 安衛則570条			

※水平材は枠組み足場の場合については水平枠で可。
　ただし、水平枠は、止め金によって梁材に固定されるものでなければならない。

つりたな足場点検表

チェック項目	関係法令	点検良否	是正を要する事項	再点検
(1) つり材は、セイフティチェーンまたはワイヤロープを使用しているか。				
(2) つりワイヤロープ（公称直径の7％以上）は素線が著しく（10％以上）切断しているもの、直径が減少しているもの、キンクしたもの、著しい形崩れまたは腐食があるものを使用していないか。	安衛則574条			
(3) つり鎖（つりチェーン）は伸び、リンク断面の減少、亀裂のあるものを使用してはいないか。	安衛則574条			
(4) つりたな足場は鉄骨建方の進み具合に並行して組み立てを進めているか。墜落、飛来落下防止の設備は十分か。				
(5) つりワイヤロープ、つりチェーンなどは確実に取りつけてあるか。				
(6) つりチェーンは、あらかじめ各梁にその必要数を計画配置するか、できれば鉄骨建方前に地上で配置しているか。				
(7) けたの間隔は1.8m以内か。また、つる高さはよいか（通常、梁下40cm～60cm）。				
(8) けたの外部への突き出しは1m程度伸ばし、突き出した先端はそろえてあるか。また足場板の滑り止めを設けているか。				
(9) 突き出した水平足場の端部などに手すりが設けられているか。	安衛則563条			
(10) 仮置きされた足場材は荷崩れしないようにしているか。				
(11) 交差部は鉄線、継ぎ手金具などで結束されているか。	安衛則574条			
(12) 緊結作業は、親綱を設置し、安全帯を使用しているか。				
(13) 作業床は、梁の両側に設け、幅は40cm以上とし、すきまはないか。また、離れは適当か。	安衛則574条			
(14) 作業床は、転位し、または脱落のないような措置を講じているか。	安衛則563条			
(15) 動揺防止の措置はよいか。	安衛則574条			
(16) つり足場の上ではしごや脚立を使用していないか。	安衛則575条			
(17) 材料を積み置くところは積載荷重を表示し、超過しないように注意しているか。	安衛則562条			
(18) 作業床の積載荷重を労働者に周知させているか。	安衛則562条			
(19) 安全ネットと落下物防護網を張っているか。	安衛則562条			

災害事例●

災害事例 ① 建設用リフトから荷降ろし中にリフトとステージの隙間から墜落

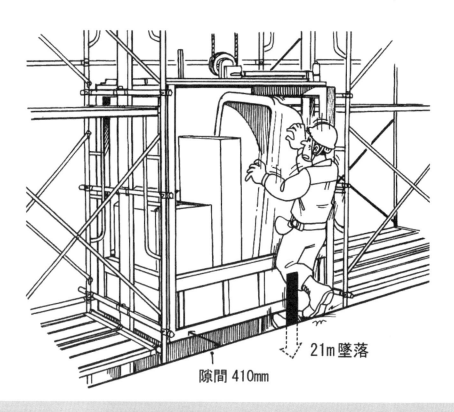

21m墜落
隙間 410mm

被災者の状況

職種：設備工
年齢：40歳
経験年数：18年
請負次数：5次

災害発生状況

　RC造9階建てマンション工事現場の8階において建設用リフト（積載荷重240kg）の搬器から荷下ろしを行う際、搬器とステージとの開口部から設備工が21m下の地上に墜落し、死亡した。

作業上の留意点

　まず、リフトの設置計画を立案する際に、躯体との距離を最小にする配慮が欠けていたのではないでしょうか。リフトを設置した後に生じた410mmもの隙間の養生は、作業員や資機材の重量を支える堅固な構造でなければならないため、各階の開口部を養生するためには、大変な手間とコストが掛かります。仮設設備の計画検討が不十分であったために生じた開口部といえるでしょう。

35

●第1章　墜落・転落災害防止対策

災害事例 ② 可搬式作業台から転落し、差筋が頭部に突き刺さる

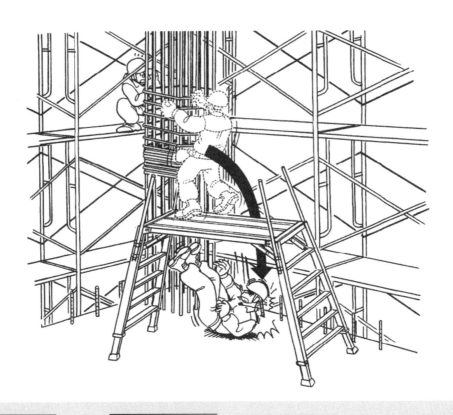

被災者の状況

職種：鉄筋工
年齢：48歳
経験年数：1年
請負次数：3次

災害発生状況

　スパイラルフープ筋を結束中、バランスを崩して可搬式作業台から転落し、スラブ上の差筋（D10、L250）上に倒れ込んだ際、鉄筋が頭部に突き刺さった。

作業上の留意点

　最近、脚立に代わって現場で使用されることが多くなった可搬式作業台、いわゆる立馬に起因する転落災害の事例です。
　可搬式作業台は、作業床が確保されるため脚立に比べて安全性が高まる足場といえます。しかし、不安定な足場には変わりがなく、床の凹凸、反動のかかる作業等により足を踏み外したり、バランスを失って飛び降りることなどによる災害発生は後を絶ちません。
　このケースでは、転倒した後、運悪く鉄筋が突き刺さるという結果を招いてしまいました。スラブ上の差筋の頭部養生、あるいは折り曲げ措置等が行われていれば最悪の事態は避けられたかもしれません。

災害事例 ③ ダクト解体中、ローリングタワーの作業床から墜落

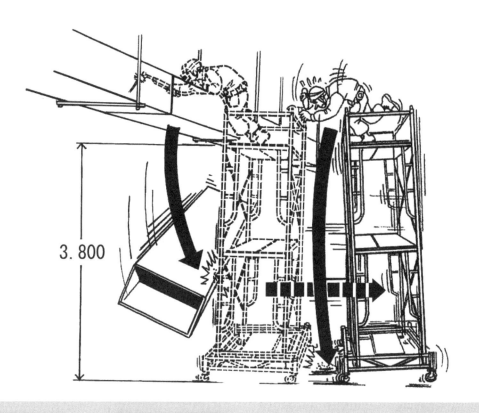

被災者の状況

職種：解体工
年齢：49歳
経験年数：23年
請負次数：4次

災害発生状況

　天井吊ダクト解体のため、解体工がローリングタワーを使用してダクトをガス溶断していたところ、突然ダクトが落下し、反動でバランスを崩して作業床から3.8m下に墜落した。

作業上の留意点

　切断作業を行うために組まれたローリングタワーですが、身を乗り出すために最初から手すりを低く設置するなど、墜落災害を誘発させてしまうような構造のローリングタワーを組み立ててしまっています。また、ローリングタワーを安定させるための控えが設置されていないため、作業中に反動や衝撃が足場にかかると、ローリングタワーが動いたり、転倒する危険が十分予測されます。
　解体現場では、このように解体した資機材が落下することによる災害発生の予測が甘く、脚立、立馬を使用した同様の作業でも災害が多発しています。事前のリスクアセスメントに基づき、作業の実態に合った足場の計画が必要です。

災害事例 ④ 2階開口部からネットを投下中に墜落

被災者の状況

職種：とび工
年齢：46歳
経験年数：14年
請負次数：3次

災害発生状況

2階開口部手すりの一部を取り外し、仮置きしていたネット（重さ45kg）を投下していたところ、投げ下ろしたネットに安全帯が引っ掛かり、ネットと共に1階スラブ上に墜落した。

作業上の留意点

　物を投下する作業自体さまざまな危険性をはらんでいるのですが、事例のように手すりまで外して作業を行うと、リスクがより高まってしまいます。事例では、投下したネットに安全帯のフックが引っ掛かってしまいましたが、作業服や軍手が投下物に引っ掛かるケースも数多く発生しています。投下作業自体を見直し、手すりを外さずに行える作業方法を検討することが必要ではないでしょうか。

災害事例 5 　後ろ向きでケーブルを引き伸ばす作業中、屋上から墜落

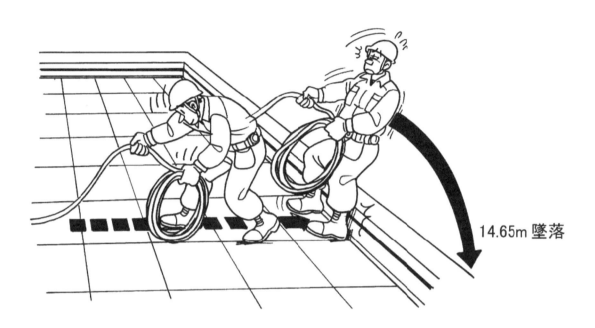

14.65m 墜落

被災者の状況

職種：電工
年齢：39歳
経験年数：12年
請負次数：2次

災害発生状況

屋上にあるキュービクルに電気ケーブルを引き込む作業中、ケーブルを引き伸ばそうと後ろ向きの姿勢で引いていき、そのまま屋上端部より墜落した。

作業上の留意点

　工事終盤での設備工事、メンテナンス工事、リニューアル工事等ではイラストと同様の作業形態になりがちです。例えば、測量作業、清掃作業、シート敷設作業、資材の荷揚げ作業等で開口部に背を向けた状態で後ずさりし、そのまま墜落する災害が数多く発生しています。
　作業に集中すると開口部周辺への注意力が失われるため、屋上での作業開始前に、パラペット*に支柱を立て、手すりを設置するなど安全設備面の対策を実施することが肝要です。
＊パラペット…屋上外周部に沿って立ち上げた低い腰壁

● 第1章　墜落・転落災害防止対策

災害事例 ⑥ スレート屋根を修理中、スレートを踏み抜き墜落

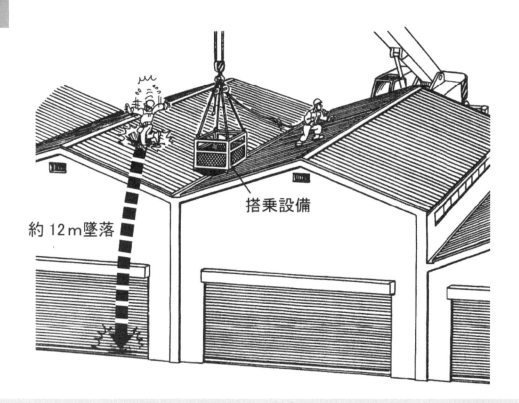

被災者の状況

職種：とび工
年齢：64歳
経験年数：40年
請負次数：1次

災害発生状況

　スレート屋根の補修作業を行うため、クレーンでつった搭乗設備から屋根に乗り移り、破損個所を点検中、誤ってスレート屋根を踏み抜き、約12m下の床に墜落した。

作業上の留意点

　スレートの踏み抜きを防止するためには、事前に作業床、通路の設置が必要となります（右図を参照）。災害事例のように搭乗設備からいきなりスレート屋根に乗り移るなどの行動は絶対に避けなければなりません。

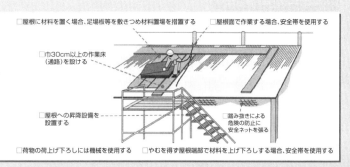

災害事例 7
養生シートを引き上げ中、足場の筋かいが折れて墜落

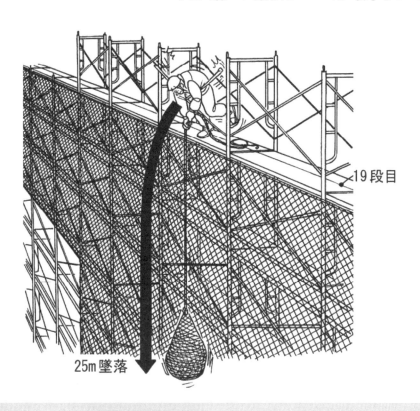

被災者の状況
職種：とび工
年齢：23歳
経験年数：2年
請負次数：3次

災害発生状況
　安全帯を筋かいに掛け、ロープで縛った養生シートを引き上げ中、安全帯を掛けていた筋かいが折れて、2階エントランスホール屋根に墜落した。

作業上の留意点
　荷上げをしようとした養生シートが重すぎて、とび工は全体重を筋かいにかけてしまったため、筋かいの固定ピン、あるいは筋かいの部材そのものが破損してしまったものと思われます。足場や養生用の資機材を荷上げする場合は、クレーンや電動ホイスト等の使用を検討する必要があります。

● 第1章　墜落・転落災害防止対策

災害事例 ⑧　棚足場組立て中、未結束の足場板の張り出し部分に乗り、墜落

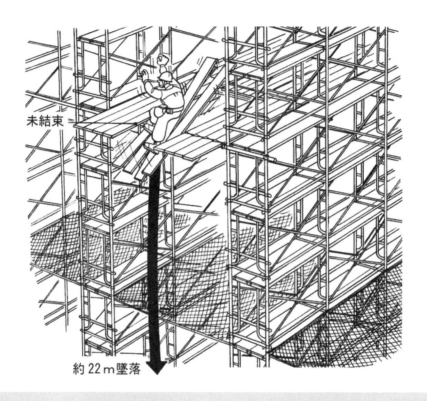

未結束

約22m墜落

被災者の状況

職種：とび工
年齢：27歳
経験年数：1年
請負次数：2次

災害発生状況

　わく組足場の中間に、単管による棚足場を組み立てる作業を行っていたところ、誤って未結束の足場板の張り出し部分に足を掛けてしまい、天秤状態となった足場板とともに墜落した。

作業上の留意点

　わく組足場の間に、作業用の棚足場を組み立てるケースをよく見かけますが、足場板の割り付け等の検討が甘いと、事例のように端部で足場板が大きく張り出してしまいます。足場内部に段差を生じさせることを嫌ったのでしょうが、足場板が天秤状態になることをまず避けるべきでしょう。

災害事例 ⑨ 開口部脇を通ろうとして墜落

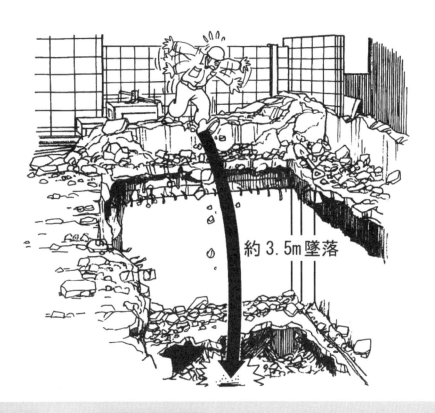

約3.5m墜落

被災者の状況

職種：土工
年齢：60歳
経験年数：12年
請負次数：3次

災害発生状況

　RC造の建物の解体作業中、土工が開口部脇を通ろうとした際に足を滑らせ、約3.5m下の地下1階コンクリートガラ部に墜落し、死亡した。

作業上の留意点

　解体作業中に生ずる開口部の課題です。解体作業における開口部に対する手すり等の養生は、イラストを見ても無理であることが分かります。
　解体作業中は「人を入れない、入れさせない」という管理面の対策が必要です。また、解体中の建造物は、壁、床ともバランスが崩れているため、いつ崩落、倒壊を起こすか分かりません。立入禁止措置の徹底が肝要です。

●第1章　墜落・転落災害防止対策

災害事例⑩　足場解体中、作業床が天秤状態になりバランスを崩して墜落

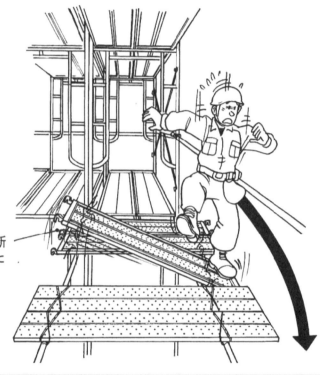

番線が切断されていた

被災者の状況

職種：とび工
年齢：51歳
経験年数：15年
請負次数：2次

災害発生状況

外部足場の解体を行っていた作業員が、足場の連結通路部分を歩行中、足場の端部が跳ね上がり、バランスを崩して墜落した。

作業上の留意点

　安易な構造の渡り通路は、組立て・解体中の危険性はもとより、歩行中に足場端部に踏み込んでしまうとたわんでしまい、外側にバランスを崩してしまうことも考えられます。しっかりした構造の手すりの設置、資材落下防止のネットの設置など、安全性の高い架設通路の計画を事前に作成することが必要であったと思います。

第2章
建設機械・クレーン等災害防止対策

第2章では、建設機械・クレーン等災害防止対策を取り上げました。ここでは、車両系建設機械をはじめ、移動式クレーンやそれによって行われる玉掛け作業も関連事項ととらえました。各種資料は、各事業場や団体のものなどをアレンジして使用しています。

1 安全対策の概要

運転資格や構造などに規制

　法律用語としては「重機」という言葉はありませんが、建設現場では、車両系建設機械、移動式クレーン、重ダンプトラックなどを含めて、広く「重機」と呼ばれています。

　法的な区分とは別に、同じ現場でしばしば同時に使用され、「建設機械」としてひとまとめにしてとらえて対処したほうが、対策を講じるうえでも効果的である場合が多いからです。

　本章では、車両系建設機械を中心として、移動式クレーンやそれによって行われる玉掛け作業などを合わせて災害防止対策を紹介します。

車両系建設機械
運転には就業制限がある

　労働安全衛生法（施行令）では、建設機械のうちの一定のもの（**表1参照**）で、動力を用い、かつ、不特定の場所に自走することができるものを車両系建設機械としています。

　労働安全衛生法令上における車両系建設機械に関する規定は、❶運転資格、❷特定自主検査、❸構造規格、❹使用に係る危険の防止、などに大別されています。

　使用に係る危険の防止に関する具体的な事項については項を改めることとして、関係法令の中から車両系建設機械に関する規定のうちの中心的な部分を要約して以下に紹介します。

● 運転資格

　機体重量が3トン以上の車両系建設機械（締固め用機械、コンクリート打設用機械を除く）の運転操作は、技能講習を修了したものでなければならない（安衛法施行令第20条）。

　また、締固め用機械の運転及びコンクリート打設用機械の作業装置の操作、機体重量が3トン未満の車両系建設機械の操作は、特別教育を受けた者でなければならない（安衛則第36条など）。

● 特定自主検査などの実施

　車両系建設機械の点検には、以下のものがある。

①特定自主検査（1年以内ごとに1回　安衛則第167条）
②定期的な自主検査（1月以内ごとに1回　安衛則第168条）
③作業開始前点検（その日の作業開始前　安衛則第170条）

1月以内ごとに1回
主要部分を自主点検

　平成25年7月1日より、解体用機械に「鉄骨切断機」「コンクリート圧砕機」「解体用つかみ機」の3機種が追加され、規制の対象となりました。

　1月以内ごとに1回行う自主検査の検査事項は次のとおりです。

①ブレーキ、クラッチ、操作装置および作業装置の異常の有無

②ワイヤロープおよびチェーンの損傷の有無
③バケット、ジッパー等の損傷の有無
●その他
　車両系建設機械ではありませんが、重大災害が発生するおそれがあることから、ジャッキ式つり上げ機械の規制があります。この作業は特別教育修了者でなければ就業することができず、機械についても①保持機構を有するなどの要件の具備、②作業計画の立案とその実施、③作業に従事する場合の具体的な措置、④従事者の保護帽の着用などが義務づけられています。

表1　車両系建設機械の分類（安衛法施行令別表第7）

1　整地・運搬・積込み用機械
　①ブル・ドーザー
　②モーター・グレーダー
　③トラクター・ショベル
　④ずり積機
　⑤スクレーパー
　⑥スクレープ・ドーザー
　⑦厚生労働省令で定める機械
2　掘削用機械
　①パワー・ショベル
　②ドラグ・ショベル
　③ドラグライン
　④クラムシェル
　⑤バケット掘削機
　⑥トレンチャー
　⑦厚生労働省令で定める機械
3　基礎工事用機械
　①くい打機
　②くい抜機
　③アース・ドリル
　④リバース・サーキュレーション・ドリル
　⑤せん孔機（チュービングマシンを有するものに限る）
　⑥アース・オーガー
　⑦ペーパー・ドレーン・マシーン
　⑧厚生労働省令で定める機械
4　締固め用機械
　①ローラー
　②厚生労働省令で定める機械
5　コンクリート打設用機械
　①コンクリートポンプ車
　②厚生労働省令で定める機械
6　解体用機械
　①ブレーカー
　②厚生労働省令で定める機械（鉄骨切断機、コンクリート圧砕機、解体用つかみ機）

表2　重機（車両系建設機械）の使用に係る危険防止のために必要な措置（抄）

重機（車両系建設機械）の使用に係る危険の防止
※則＝労働安全衛生規則

- 調査及び記録（則154条）……………… 地形、地質の状態などの調査と結果の記録
- 作業計画（則155条）…………………… 重機の種類、能力、運行経路、作業方法などの決定
- 制限速度（則156条）…………………… 地形、地質の状態などに応じた速度の決定と順守
- 転落等の防止（則157条）……………… 路肩の崩壊防止、地盤の不同沈下の防止、誘導員など
- 接触の防止（則158条）………………… 接触危険個所への立ち入り禁止、誘導員の配置
- 合図（則159条）………………………… 一定の合図の決定と順守
- 運転位置から離れる場合の措置（則160条）… 作業装置の地上への下降、逸走防止措置
- 車両系建設機械の移送（則161条）…… 積み降ろし場所の条件、道板の条件など
- とう乗の制限（則162条）……………… 乗車席以外への労働者のとう乗の禁止
- 使用の制限（則163条）………………… 構造上の安定度、最大使用荷重などの順守
- 主たる用途以外の使用の制限（則164条）…… 主たる用途以外の使用の制限
- 修理等（則165条）……………………… 作業指揮者による作業の指揮と監視
- ブーム等の降下による危険の防止（則166条）… 安全支柱、安全ブロックなどの使用

2 安全な作業方法

車体の転落や接触で事故に

車両系建設機械の使用上の危険防止措置には、調査および記録、作業計画など、実作業にかかる以前に実施すべき事項と、転落などの防止、接触の防止、合図など、実際に車両系建設機械を使用する段階で留意すべき事項などがあります。

まず、車両系建設機械の転落、激突、巻き込まれ等の災害を防止するため、車両系建設機械を用いて作業を行うときは、あらかじめ、地形や地質の状態などを調査した上で具体的な作業方法を示した作業計画を定めなければなりません。作業計画は以下の事項によって構成されていなければなりません（安衛則第155条）。

①使用する車両系建設機械の種類及び能力
②車両系建設機械の運行経路
③車両系建設機械による作業方法

このうち、運行経路や作業方法は、関係労働者に周知させなければなりません。

次に、主要重機であるブルドーザー、ショベル系の掘削機、ダンプなどについて、安全対策のポイントを示します。

車両系建設機械は安全な方法で使用する

条件を考慮した上で、適切な機種及び能力の掘削機械が選定されているかを確認します。

機械の安全に関しては事前に下記の点についてチェックを行います。

❶落石、落下物等の危険が予想される作業では、ヘッドガードの取付け状況
❷ブレーキ及びクラッチの作動状態
❸タイヤ又は覆帯（クローラー）の状態
❹アタッチメントの取付け状態
❺警報装置の状態
❻前照灯、作業灯、方向指示灯の点灯の状態
❼法定資格の有無
❽立入禁止措置の具体的な方法
❾誘導者の配置及び誘導方法
❿埋設物の事前調査及び養生方法
⓫電線等及び構造物の調査及び養生方法

また、掘削機械等の搬入出路の確保と、その状態を確認する必要がありますが、特に作業者の通行に対して安全確保ができていることを確認します。

建設機械の共通管理事項

作業前の準備

工事規模、現場周辺の環境、土質、工期等の

2 安全な作業方法

作業中の留意事項

❶掘削法面こう配は、土の安息角、粘着力によっても変化するが、安定計算を行い定められたこう配以上に掘削しない。
❷所定の深さより深く掘り下げたり、掘削底を乱さない。掘り過ぎたり、乱したりした場合は、強度を確保するため、転圧、締固めをする。
❸溝掘削等の場合は、床付け、湧水処理、残土処理等は計画どおりに確実に行われているのか確認する。
❹掘削方法が変わる場合は、あらためて作業方法について検討する。
❺法肩付近には、掘削土砂又は材料の集積を避ける。
❻土止め支保工を設ける場合の掘削は、支保工部材の取付け順序に合わせて掘削作業を進め、組立てられた土止め支保工部材には掘削機械のバケット等を当てないように注意する。
❼上下作業をさせない。やむを得ず上下作業となる場合には、監視人を置くなどの措置を行い、上部からの落下物（土砂、岩石、工具等）を防ぐための落下物防護設備を設ける。
❽掘削面に現れた浮石等は除去する。
❾不用の機械、材料、工具等は、落下する危険のある場所に置かない。

掘削機械等の取扱い上の留意事項

❶掘削機械等には、運転者以外の者を乗せない。
❷運転席への乗降りは備え付けのタラップ、はしご等を用いて行わせ、飛乗りや飛降りは禁止する。
❸定められた走行速度を守って運転させる。
❹掘削機械等の登板能力及び安定度を超えた作業をさせない。
❺掘削機械等は、原則として主たる用途以外に使用させない。
❻掘削機械等の運転位置から離れる時は、エンジンを止め、逸走防止措置をする。作業終了時は、キーを所定の場所に保管する。

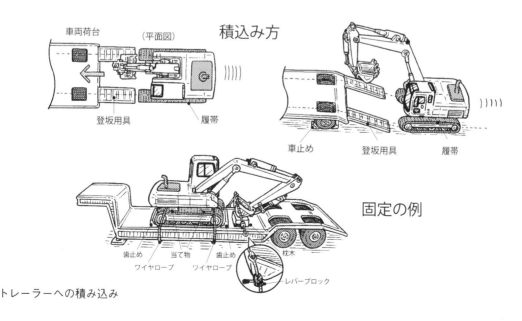

積込み方

固定の例

トレーラーへの積み込み

❼掘削機械等に異常がある場合は、直ちに作業を中止する。
❽掘削機械等の修理や作業装置（アタッチメント）の交換を行うときは、作業指揮者の指揮に基づき作業を行う。
　また、アタッチメントを上げてその下で修理、又は点検を行うときは、安全支柱や安全ブロックを使用して、アタッチメントの急な降下を防止する。
❾作業終了又は中止時は、掘削機械等を平坦な場所に置き、バケット等のアタッチメントは必ず地面に降ろす。やむを得ず斜面に掘削機械等を停止させるときは、掘削機械の足回りには歯止め等を用い、逸走防止を図る。
❿機械を搬送する場合は、原則として専用のトレーラー等を用いて行う。また、道板を用いて積込みを行う場合は、安全なこう配と幅を持たせ、図のように機械の中心線、及び登板用具と履帯（又はタイヤ）の中心線が一致するように配置する。
　積込み後は、走行中に動かないようにトレーラーに正しく固定する。

主な掘削機械ごとの留意事項

1．バックホー（ドラグショベル）

バックホーは、地盤面下部を掘削、積込む機械で、現在最も多く使用されている機械ですが、作業にあたっては、特に次のことに留意する必要があります。

❶掘削、旋回時の安定性を確保するため、水平位置に据付ける。
　機械を横向きにしての掘削は、後退動作ができないので避ける。

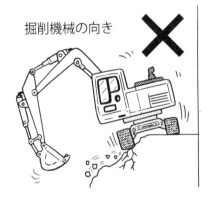

掘削機械の向き

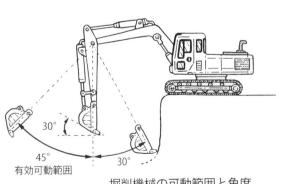

掘削機械の可動範囲と角度

❷掘削深さは、視界の確保や路肩の崩壊を考慮して最大掘削深さより余裕を持って行う。
❸掘削場所の排水を考慮して掘削を行う。
❹稼働範囲と掘削角度は、アームを垂直にした前方45度から手前30度の間が有効稼働範囲で、アームポジションが垂直のときに最大掘削力が発揮できる。

積込み作業では旋回方向、トラック等の配置に留意する。

積込作業の留意点

２．ブルドーザー

ブルドーザーは、トラクターに各種の排土板（ブレード）を取付けたもので、主に整地作業に使用されます。ブレードの種類，機構により、ストレートドーザ、アングルドーザー、チルトドーザー等の名称で呼ばれています。ブルドーザーの後部にリッパーを取付け硬い地盤や、岩石の破砕作業にも使用されています。

作業にあたっては、特に次のことに留意してください。

❶走行性能、押土距離に配慮する。地盤が軟弱な場合は土のこね返しに留意する。

❷一般的な掘削押土方法を下図に示す。並列押土では、できるだけ同一機種を使用する。

❸地表面の切削では、地表を荒らさないようにし、排水を考慮して自然こう配を付け、排水溝を設ける。

❹リッパ作業を効率よく行うためには、岩石の状態からリッパ作業が可能か否かの確認をする。また、トラクターの重量やけん引力のほか、リッパの貫人深さ、速度などを岩石の状態から、決定するよう指導する。

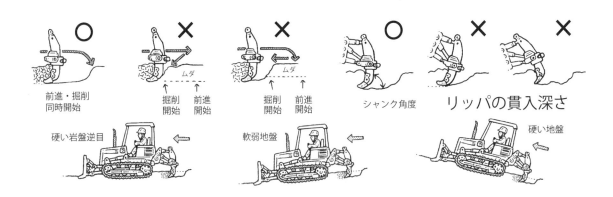

3. トラクターショベル

　トラクターショベルは、クローラ式、ホイール式があります。クローラ式は、バックホーに比べると掘削力は小さいですが、機動性に富み、推進力も大きい。ホイール式は、走行速度が早く、機動性が高く、市街地では舗装を損傷させることが少ない一方、軟弱地盤での作業性は悪くなります。

　また、バックホーと比べると、トラクターショベルは、硬く締まった土の掘削積込みにも不向きですが、ルーズな土砂の掘削積込みには高い効率を発揮します。

　作業にあたっては、特に次のことに留意してください。

❶切羽が自立するような掘削では、すかし掘りにならないように注意する。
　　また、掘削は山に対してバケットを直角に当てる。
❷積込み作業をするときのトラック等の配置位置は、移送距離ができるだけ少なく、操向を切らないですむように配置する。

4. クラムシェル

　クラムシェルは、地盤面下の垂直掘削に使用されるほか、ストックされた土砂の積込みに用います。また、深い掘削の場合は、土砂を地上に搬出するのにクラムシェルが用いられます。

　作業にあたっては、特に次のことに留意します。

❶搬出する土砂はブルドーザー等で集積し、バケット内に土砂が入りやすくする。
❷クラムシェルの作業範囲は、ブームの長さによって決まるが、ブームはできるだけ立てて用いるようにする。
❸油圧式のクラムシェルは、機械式に比較して掘削深さが浅いため、掘削深さを考慮して選定する。

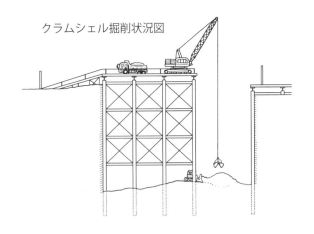

クラムシェル掘削状況図

手信号による合図法と笛・発声による合図法（例）

1．安　全	2．左に寄れ	3．右に寄れ	4．停　止

手のひらを退行方向に向け、前後に手を振る。	手のひらを左へ向け、横に振る。	手のひらを右に向け、横に振る。	手のひらを運転者に向け、上げる。

5．急停止	6．ゆっくりあるいはわずかに
	進行方向側に手を置いて、他方の手で寄る動作を示す。 例：右へわずかに（ゆっくり）寄れ 右手をまっすぐに立て、左手を左右に振る  例：わずかに（ゆっくり）進め。 左手のひらを運転者に向け、右手のひらを進行方向に向けて前後に振る。 
両手を大きく広げて高く上げ、激しく左右に大きく振る。	

区　分	笛による合図	発声による合図
安　全	短笛2声　━━ ━━	オーライ、オーライ、
停　止	長　笛　　━━━━	ストップ

誘導者や合図者を配置する。

立入禁止措置は他の労働者が立ち入り不可能な堅固なものとする。

ダンプの死角に入らない位置で誘導する。

3 バックホーによる用途外使用の禁止

用途外使用は原則的に禁止

　車両系建設機械には、整地・運搬、積み込み用、掘削用、基礎工事用、締固め用、コンクリート打設用、解体用などの種類があり、それぞれの用途に応じて、構造規格や安全基準などが定められています。

　車両系建設機械を使用して作業を行う場合、しばしば問題になるのが"用途外使用"です。

　現場で特に違反が多いのが、バックホーのバケットの先に物を引っかけてつり上げたり、バケットのツメで建設物を壊したり、バケットで物を叩いたりする行為です。

　労働安全衛生規則第164条では、車両系建設機械は原則として主たる用途以外には使用してはならないこととし、労働者の危険を及ぼすおそれのないときなどに限って主たる用途以外での使用を認めています。

　車両系建設機械を用途以外に使用することができる場合とは、次のとおりです。

　①荷のつり上げの作業を行う場合であって、一定の措置等を講じたもの

　②荷のつり上げの作業以外の作業を行う場合であって、労働者に危険を及ぼすおそれのないとき

　このうち、車両系建設機械によって荷のつり上げ作業を行うことができるのは、次の場合です。

❶作業の性質上やむを得ない場合
❷安全な作業の遂行上必要な場合

こうした危険な用途外使用が災害を招く

　荷のつり上げ作業に使用する車両系建設機械は、アーム、バケットなどの作業装置に、一定の要件に該当するつり上げ用器具が取りつけられているものでなければなりません。すなわち、バケットのツメに荷を引っかけてつり上げるなどの方法は禁止されています。

　また、車両系建設機械によって荷のつり上げ作業を行う場合には、次の安全措置を講じなければなりません。

❶荷のつり上げ作業について一定の合図を定め、合図者を配置すること

❷平たんな場所で作業を行うこと

❸つり上げた荷の落下等のおそれのある場所は立入禁止とすること

❹つり上げ能力（例：バケット容量×土の比重1.8）を超えて荷をつり上げないこと

❺玉掛け用ワイヤロープ、つりチェーンは、一定の要件に該当するものを使用すること

　これらについては、下記の行政通達で運用上の留意点が示されています。

土止め支保工の組み立てなどに使用するため、バケットに専用装置などを取りつけた例

●土止め支保工の組み立てなどに使用するため、バケットに専用装置などを取りつけた例
(イ)フックを利用した例
(ロ)支持装置を利用した例
(ハ)ピンを利用した例
いずれの場合も強固な専用装置でなければならない。

(ハ) バケット／ピン／専用装置／ワイヤロープ／フック／土止め用部材

つり金具の例 つり金具／土止め用部材

(イ) フック／専用装置／ワイヤロープ／フック／バケット／土止め用部材

(ロ) バケット／専用装置(支持装置)／土止め用部材

車両系建設機械を用いて行う荷のつり上げの作業時等における安全の確保について（抄）
〔平成4年10月1日　基発第542号〕

第1　荷のつり上げの作業を行う場合の措置

車両系建設機械による荷のつり上げの作業を行う場合には、労働安全衛生規則第164条第3項の措置のほか、以下の措置を講ずるよう指導すること。

1　フック等の金具の取り付け

(1)　フック等の金具の形状

フック等の金具は、バケット等が傾き、また、ブーム等の起伏が行われても、玉掛け用ワイヤロープ等が外れにくい環状又はこれに近い形状のものを使用すること。

(2)　フック等の金具の取り付け

フック等の金具は、バケットのアームとの取付け部付近等掘削の作業時に著しい損傷を受けるおそれのない位置であって、バケット等が著しい偏荷重を受けない位置に取り付けること。

なお、溶接により取り付ける場合には、JIS Z3801「溶接技術検定における試験方法及び判定基準」若しくはJIS Z3841「半自動溶接技術検定における試験方法及び判定基準」に基づく溶接技術の認定を受けている者又はボイラー溶接士が行うこと。ただし、JIS Z3040「溶接施工方法の確認試験方法」等により確認された溶接施工方法によって溶接を行う場合は、この限りでない。

2　つり上げる荷の最大荷重

つり荷の重量とつり具の重量の合計が、車両系建設機械の標準荷重（JIS A8403「ショベル系掘削機用語」4130の「標準荷重」をい

う。）に相当する重量以下であって、かつ、1トン未満でなければ当該荷のつり上げの作業を行わないこと。

3　玉掛け等

玉掛け用ワイヤロープを掛け、又は外す作業は、玉掛技能講習を修了した者又は玉掛けの業務に係る特別教育を修了した者が行うこと。

また、つり上げた荷との接触等による危険を防止するため、荷の振れ止め、荷の位置決めは、荷に控えロープを取り付ける等の方法により行うこと。

4　車両系建設機械の運転等

ドラグ・ショベルの旋回速度は移動式クレーンの3～4倍であり、車両系建設機械で荷をつった状態での旋回においては、つり荷等が労働者に接触する危険性や遠心力による荷の振れが大きくなり、当該車両系建設機械が転倒する危険性が高い。

こうしたことから、荷のつり上げの作業を行うに当たっては、エンジンの回転速度を低速に調整するとともに、作業速度切換装置を有する車両系建設機械にあっては、当該装置を低速に切り換えて作業を行うこと。

5　点検等

(1)　その日の作業を開始する前に、つり上げ用の器具等の異常の有無について点検を行い、異常がないことを確認してから、荷のつり上げの作業を行うこと。

(2)　定期自主検査（年次及び月次）の際には、検査項目につり上げ用の器具の異常の有無を加えて検査を実施するとともに、その記録を保存すること。

第2　土止め支保工用の部材の打ち込み作業等を行う場合の措置

（略）

なお、平成12年に厚生労働省労働基準局より「クレーン機能付ドラグショベル」が移動式クレーンとして使用が認められましたので、現場における荷の吊り上げ作業が予測される場合は、積極的に導入し、バックホーによる用途外使用を行わないよう、指導を進めることが大切です。

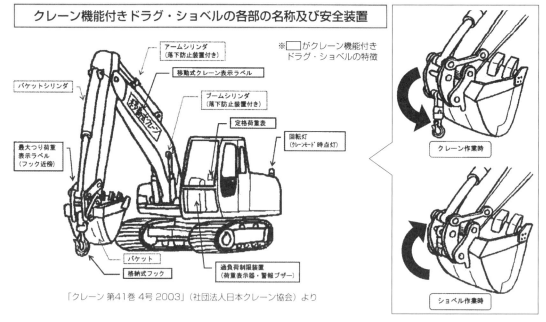

「クレーン 第41巻 4号 2003」（社団法人日本クレーン協会）より

4 移動式クレーンの安全確保

クレーンの事故・災害防止の課題

　移動式クレーンの主な災害発生原因は、つり荷の落下が全体の約30％を占め、次いで機体の転倒、ジブの折損、倒壊、機体とつり荷等との挟圧、つり荷に押されて墜落となっています。災害を防止するためには、災害の原因となる、荷の不安定な玉掛け、クレーンの誤操作防止等クレーン作業の基本を守ることが重要です。

移動式クレーンの正しい操作と作業

❶安全装置の機能の保持

　移動式クレーン構造規格等の法令では、次の装置の取付け、及びその機能の保持が義務づけられています。
・フック並びにジブの巻過防止装置、巻過警報装置
・過負荷防止装置（モーメントリミッター）
・吊上げ装置、起伏装置及び伸縮装置に油圧等の流体を用いる場合、その圧力の過度の上昇を防止するための安全弁歯車軸等の回転部分の防護
・電鈴、ブザー等の警報装置
・ジブの傾斜角の度合がわかる傾斜角指示装置
・速度計（最高速度35km/h以上（未満の時は一部除外））
・フックの玉掛け用ワイヤロープの外れ止め装置

❷移動式クレーンの作業開始前の確認事項
・安全装置に異常のないことを確認する。
・安全装置を正しく取扱う。
・定められた性能範囲の確認内（安全装置の機能を停止させた運転は絶対に行わない。

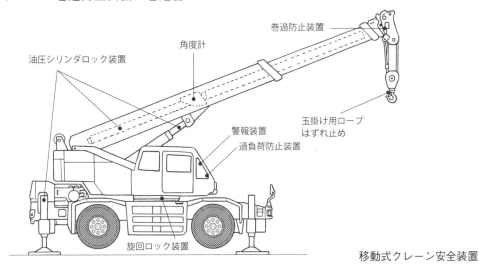

移動式クレーン安全装置

●第2章　建設機械・クレーン等災害防止対策

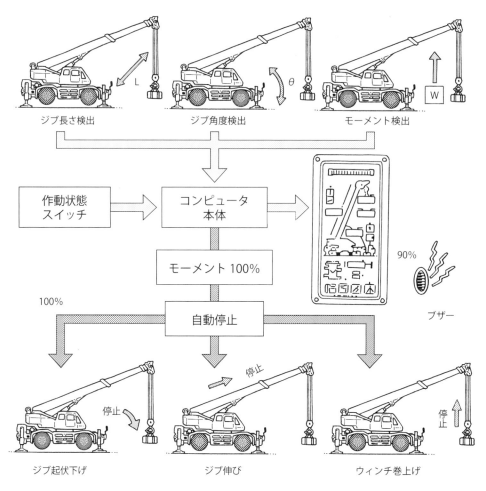

過負荷防止装置（トラッククレーン用）

❸過負荷防止装置

　過負荷防止装置はジブの長さ及び傾斜角、総合モーメント（つり荷の荷重とその他の荷重によるモーメント）を計測し、コンピューターが記憶している定格値と比較して、定格終荷重に近づくと警報を発して運転者に注意を喚起し、また定格総荷重を超えると自動的に作動を停止させる装置です。

　なお、自動停止をした場合でも安全側の操作、すなわち、つり荷の巻下げ、ジブの縮小、および起こしの操作はできるようになっています。

　転倒や破損事故を避け、安全操作を行うためには過負荷防止装置が正常に作動しているかどうかを、作業開始前点検で確認する必要があります。

　またアウトリガーの張出し幅は、自動的に検知されないものが多いので、荷をつり上げる前に実際のアウトリガー張出し幅に対応した値が入力されているか否かを確認しておかなければなりません。なお、過負荷防止装置の自動停止機構を解除して、クレーン作業を行ってはならないことは当然です。

❹安全弁等

　安全弁は油圧で駆動する移動式クレーンに装備されていて、油圧回路に異常に高い油圧

移動式クレーンの標準合図方法

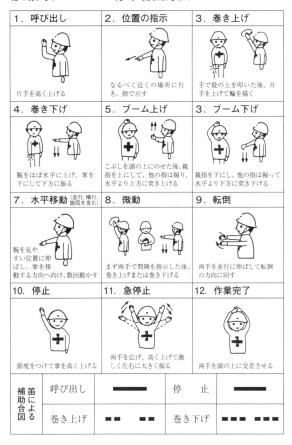

が発生し、機器等を破壊させないため油圧上昇を防止するための装置です。

また、つり上げ装置、起伏装置およびアウトリガー等が油圧の異常な低下（ホース等の破損等）によって急激な降下等を防止するために逆止弁を備えています。

❺電鈴、ブザー等の警報装置

旋回体に警報ブザー付回転灯を取付け、移動式クレーンが旋回するときは、自動的に警報を発するよう旋回レバーの操作と連動させています。

❻ジブの傾斜角指示装置

ジブ傾斜角指示装置は、ジブの長さ及びジブの傾斜角に応じた定格総荷重を表示する装置で、ジブの側面に取付けられています。

ジブを起伏させたときに、その傾斜角に対応した定格総荷重を示すので、これを読みとって荷重指示計が示した荷重と比較し、荷重指示計の荷重を超えないよう注意して操作する必要があります。

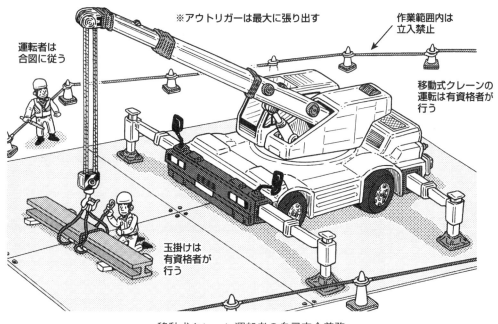

移動式クレーン運転者の自己安全義務

❼玉掛け用ワイヤロープ外れ止め装置

玉掛け用ワイヤロープ外れ止め装置とは、クレーンのフックから玉掛け用ワイヤが外れて、荷が落下する等の事故を防止する装置で、作業前に機能が働くかどうかを確認する必要があります。

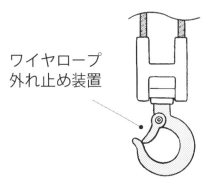

玉掛け用ワイヤロープ外れ止め装置

クレーンの正しい作業と事前対策

❶必ず有資格者に運転させる。
❷定格荷重を超える荷重をかけない。
❸作業の前に荷の重量、作業半径、クレーンの能力等を確認し、安全な作業となるよう、クレーンの選定、作業の方法等を決める。
❹合図者を指名させ、その者に定められた一定の合図を行わせる。
❺強風時の作業は中止する。
❻架空電路に近接して作業を行う場合は、防護措置を行うとともに、さらに監視人を配置し、監視をさせる。
❼立入禁止措置を確実に行い、作業者をつり荷の下に立ち入らせない。

移動式クレーンの設置の基本

移動式クレーンは、機体が水平に保たれている状態でその機体のつり上げ性能が発揮されることになっているので、水平に保つための諸条件を確実に守ることが重要です。

クレーンは、機体の傾きによってつり荷の作業半径が大きくなり、移動式クレーンの本体重量が旋回の中心に近すぎ、転倒モーメントが大きくなるため不安定な状態となります。

機体が傾き、転倒モーメントが大きくなって不安定な状態となるのは、次のような場合が考えられます。
❶路盤に勾配がある場合
❷路盤が軟弱な場合
❸アウトリガーを十分張り出していない場合
❹操作不良等により、つり荷が不安定になった場合等

移動式クレーンの安定を保つための対策

❶地盤が軟弱な場合、地盤を補強し、アウトリガーを最大限に張り出す。
❷機体が傾斜したままで荷重をかけない。
❸過荷重をかけない。
❹荷が振れないように荷のつり上げ、旋回はできる限りゆっくり行う。
❺荷の横引き、斜めづりは禁止する。
❻強風時は作業を禁止する。
❼つり荷を急に巻上げたり、急降下、急制動しない。
❽正しい玉掛けを行う。

クレーン作業の安全対策

　移動式クレーンに係る災害としては、つり荷が落下して地上の作業員に激突、クレーンの転倒、クレーン旋回部に周囲の作業員が挟まれる、などが挙げられます。これらの災害を防止するためにも、作業編成、作業分担、クレーンの種類や能力、玉掛け用具、合図などについての標準を定め、事前に作業計画を作成することが必要となります。

▼アウトリガーを十分に張り出し、地盤が軟弱な場合には鉄板などを敷き、その上に移動式クレーンを設置する。

▼荷をつる際は、1本（点）つりは避け、2本つりまたは4本つりとする。また、地上20～30cmで地切を行う。

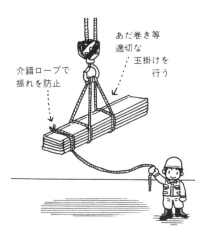

▼近くに架空電線がある場合には、電路の移設や防護、監視人の配置などを行い、感電災害を防止する。

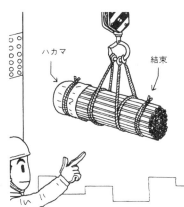

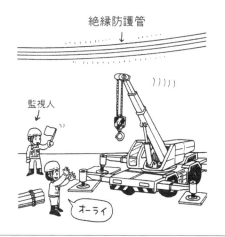

5 玉掛け作業の安全確保

つり荷の重量を正確に把握

玉掛け作業を行う場合の安全対策のポイントとしては、荷の重量、荷の重心、玉掛けの方法、荷のつり方、運搬経路、誘導などが挙げられます。

安全な玉掛け作業の第一歩は、つり荷の重量を正確に把握することです。

移動式クレーンなどには定格荷重があり、能力以上の重量の荷をつれば、移動式クレーンの損傷やワイヤロープの切断、移動式クレーンの転倒などの事態が生じる危険性があります。

つり荷の重量を正確に把握するとはいっても、実際の現場では目測で行う場合が多くなります。

目測ではある程度の誤差は出ますが、基本的な知識があれば、かなり正確な重量が分かります。それには、日頃からの訓練も必要です。

つり荷の重心がどこにあるか見極めることも重要

次に、つり荷の重心を見極めることも重要です。

つり荷はいつも同じ物とは限らず、形状は多種多様です。重心が片寄った荷もあり、重心を考えずにつり上げれば、地切りの際に荷が転倒したり、ロープが外れたりすることもあります。

図1 荷の重点のとらえ方

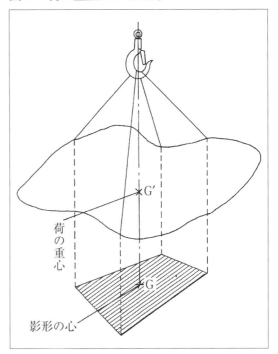

荷の重心（G）：ロープが当たっている点を水平にうつし、その点を結んだ図形の中に重心があることが重要。

つり荷が安定した状態で地切りをするためには、ロープが当たっている点を水平面に投影し、その点を結んだ図形の中に重心があることが必要です（図1参照）。

重心ができるだけ低くなるようにつり、フックが重心の真上に位置するように誘導することも重要です。

ロープにかかる力はつり角度によって変わる

同じ重量の荷をつった場合でも、ロープに

加わる力は、つり角度によって大きく異なります。

ワイヤロープの切断荷重を安全係数「6」で割った値が「安全荷重」として示されますが、つり角度が大きくなればなるほど安全荷重は減少します（図2参照）。

したがって安全荷重の考え方を十分に考慮して玉掛け作業を行わなければなりません。不均衡なつり方にならないように、形状に合ったつり方をすることも必要です。

図2　玉掛けロープのつり角度と張力の大きさ

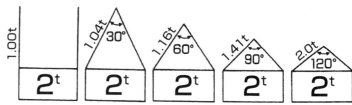

ロープの劣化をチェックし不適切なものは廃棄する

つり荷の落下の原因のひとつに、玉掛け用ワイヤロープの切断があります。

ワイヤロープは使用するにしたがって強度や質が低下します。損傷の原因を大別すると以下のように分けることができます。

❶素線の断面積の減少（摩耗、腐食）
❷素線の質の変化（表面硬化、腐食、疲労＝繰り返し曲げ疲労が特に大きい）
❸ロープの形崩れ（より戻り、つぶれ、浮き）
❹運転（衝撃、過緊張）

こうした損傷の原因に対し、グリースの補給を怠らないことや、急激な運転・停止を避け、無理な荷重をかけないといったことなどを心掛けることが大切です。

クレーン等安全規則第215条では、ロープ1よりの間において、素線数の10パーセント以上の素線が切断したもの、直径の減少が公称径の7パーセントを超えるもの、キンクしたもの、著しい形崩れ・腐食のあるものの使用を禁止しています。このようなロープはすみやかに廃棄します。

■**参考資料**（日本クレーン協会規格）

1．玉掛け用ワイヤーロープの廃棄基準

①最外層ストランド中の素線の総数（フィラー線を除く。以下同じ）に対して、断線数が次の率以上になったもの。
(イ) ロープ1よりの間において10パーセント。ただし、1本のストランドに発生している場合は5パーセント。
(ロ) ロープ5よりの間において20パーセント。
　なお、ケーブルレイドロープについては外層を構成するワイヤロープ（シェンケル）を最外層ストランドとみなす。
②摩耗により、直径の減少が7パーセントを超えたもの。
③腐食により、次のようになったもの。
(イ) 素線の表面にピッチングが発生して、あばた状になったもの。
(ロ) 内部腐食により、素線が緩んだもの。
④形崩れにより、次のようになったもの。
(イ) キンクしたもの。
(ロ) うねりの幅が公称径dの25倍以内の区間において、3分の4d以上になったもの。
(ハ) 局部的な押しつぶしにより、扁平化し、最小径が最大径の3分の2以下になったもの（図1）。
(ニ) 心綱または綱心が、はみ出したもの（図2、3）。
(ホ) 著しい曲がりがあるもの（図4）。
(ヘ) かご状になったもの（図5）。
(ト) ストランドが落ち込んだもの（図6）。
(チ) 1本以上のストランドが緩んだもの（図7）。
(リ) 素線が著しく飛び出したもの（図8）。

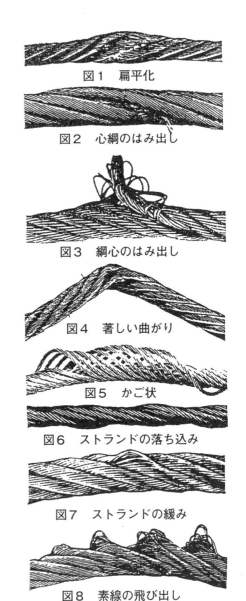

図1　扁平化
図2　心綱のはみ出し
図3　綱心のはみ出し
図4　著しい曲がり
図5　かご状
図6　ストランドの落ち込み
図7　ストランドの緩み
図8　素線の飛び出し

2．玉掛け作業図解シート（玉掛けの方法）

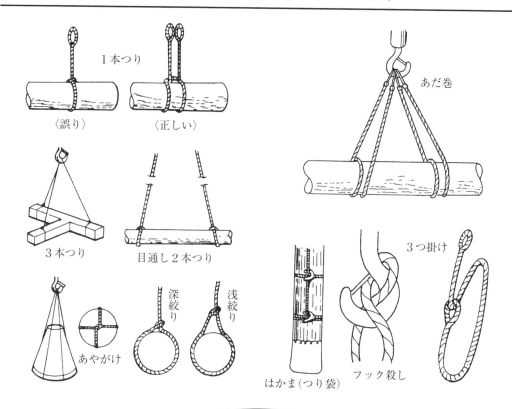

安全のポイント

1. 玉掛けワイヤロープやフックに異常がないか、点検する。
2. つり荷の重量やクレーンの最大つり上げ荷重を確認する。
3. 1本つりを行う場合、「目通し1本つり」を避け、2箇所にロープがかかる方法で行う。
4. 「目通し2本つり」を行う場合、締め方を「深絞り」にする。
5. パイプ等の滑り易いものを縦吊りするときは、はかま（つり袋）を使用する。
6. 一方のアイにロープを通してフックに掛ける「3つ掛け」は、原則的に行わないようにする。
7. 荷の重心がどこであるか、正確に判定する。
8. 荷の重心ができるだけ低くなるようにする。
9. 荷の重心の真上にフックを誘導する。
10. 玉掛け作業では合図者を配置し、合図にしたがって作業を行う。
11. つり上げ、荷降ろしの際には、地上20～30cmで「地切り」を行う。
12. 荷のつり上げ・移動中は、荷の下方に立ち入らないようにする。
13. 荷のつり上げ中、合図者はたえず荷の状態を監視する。

車両系建設機械作業チェックリスト

区分	チェックポイント	良否	改善事項
機械の点検	・クラッチ、ブレーキは円滑に操作でき、良好に作動するか。 ・前照灯、尾灯、番号灯、駐車灯、方向指示器、警報機は正常か。 ・各油圧ホースに損傷や漏洩はないか。 ・主材に亀裂やゆがみはないか。 ・ボルトの緩みはないか。 ・油漏れ、エアー漏れはないか。 ・バックミラーに損傷や変形はないか。死角はないか。 ・振動機は正常に作動するか。 ・自主検査などで発見された異常個所を補修しているか。		
運送方法	・トラックやトレーラーへの積み込みは、平たんで、軟弱でない場所で行っているか。 ・荷台上では、ブレーキ作動、歯止め、ワイヤロープによる緊結などを確実に行っているか。 ・積み込む機械の重量が、トラックやトレーラーの積載荷重を超えていないか。 ・道路運行規制の許可証を備えているか。 ・運送経路と道路状況を確認しているか。		
自力走行方法	・地盤の軟弱な場所がないかどうか、確認しているか。 ・路肩が崩壊するおそれのある場所がないかどうか、確認しているか。 ・走行路の幅が十分であるかどうか、確認しているか。 ・他の作業者や通行人の通行の安全を確保しているか。 ・監視人を配置しているか。 ・公道を走行する場合、道路交通法上の特殊免許を有しているか。		
操作方法	・始業点検を実施しているか。 ・現場の状況に応じた制限速度を決めているか。守っているか。 ・車両系建設機械で荷のつり上げ作業を行う場合、必要な安全確保措置を講じているか。 ・運転者は、作業内容、指揮系統、合図法などを熟知しているか。 ・作業範囲内に、関係者以外の者が立ち入ってはいないか。 ・作業域へ出入りするときや、他の機械と接触するおそれがある場合には、誘導者の誘導に従っているか。 ・乗車席以外の位置に、人が乗ってはいないか。 ・機械の能力以上の無理な使い方をしてはいないか。 ・本来の用途以外の使い方をしてはいないか。 ・運転者が運転席を離れる場合には、逸走防止措置を講じているか。 ・給油、点検、修理は、機械を停止して行っているか。 ・作業終了時には、ブレーキを確実にかけ、逸走防止措置を講じているか。 ・作業終了時には、キーを抜き、責任者がキーを保管しているか。 ・夜間、機械を道路上に置いておく場合、赤灯表示をしているか。		

パワーショベル、バックホー日常点検表

項　目		チェックポイント	点検結果
エンジン	クランクケース	油量はよいか。	
	ラジエータ	水は十分か。フィンの目詰まり、水漏れはないか。	
	ファンベルト	張りはよいか。損傷はないか。	
	ゲージ	作動はよいか。損傷はないか。	
	燃料系統	漏れはないか。	
	潤滑油系統	漏れはないか。	
動力伝達装置及び作業装置	主クラッチまたはトルクコンバータ	作動はよいか。油量はよいか。油漏れはないか。	
	トランスミッション	作動はよいか。油量はよいか。油漏れはないか。	
	ブーム起伏装置	作動はよいか。	
	バケット俯仰装置	作動はよいか。	
	旋回装置	スムーズに動くか。	
	ワイヤロープ	乱巻き、素線の切断はないか。塗油はよいか。	
走行装置	ブレーキ	作動はよいか。	
	足回り（履帯）	履帯の緩みは適当か。シューボルトの緩み、脱落はないか。	
	シャーシ・フレーム	給油脂はよいか。	
安全装置	起伏制限装置または警報装置	作動するか。	
	ロック装置	作動するか。	
	警報器	作動はよいか。	
その他の設備	バケット	損傷はないか。	
	運転者名札	取りつけてあるか。	
環境	作業場所の路盤	足元の安定・歯止めはよいか。	
取り扱い上の注意事項	1．運転者は「車両系建設機械運転技能講習修了者」（機体重量３ｔ以上）「車両系建設機械運転特別教育修了者」（機体重量３ｔ未満）であるかを確認し、機械にその者の氏名を表示する。 2．修理、アタッチメントの着脱は「作業指揮者」を指名し、作業させる。 3．定めた信号、合図を確認の上、運転させる。 4．作業員を作業半径内に立ち入らせない。 5．運転者が運転席を離れるときはバケットを地上に降ろし、原動機を停止させ、キーを保管し、逸走防止の措置をさせる。 6．公道上を走行するときは免許者であるかを確認し、「道路交通法」を守らせる。 7．自主検査または点検により異常を認めたときは、すみやかに補修その他必要な措置をする。		

ブルドーザー日常点検表

項目		チェックポイント	点検結果
エンジン	クランクケース	油量はよいか。	
	ラジエータ	水は十分か。フィンの目詰まり、水漏れはないか。	
	ファンベルト	緩みはないか。損傷はないか。	
	ゲージ	作動はよいか。	
	燃料系統	漏れはないか。	
	潤滑油系統	漏れはないか。	
シャーシ及び動力伝達装置	主クラッチまたはトルクコンバータ	作動はよいか。油量はよいか。	
	トランスミッション	作動はよいか。油量はよいか。	
	ステアリングクラッチ	クラッチの切れはよいか。ブレーキの効きはよいか。油量はよいか。	
	操作系潤滑油系統	油漏れはないか。	
	ステアリング	ハンドルの遊びは適当か。作動はよいか。	
	ブレーキ系統	効きはよいか。	
	伝導機構	異音はないか。	
	ファイナルドライブ	異音はないか。油漏れはないか。	
	足回り	履帯の緩みは適当か。シューボルトの緩み、脱落はないか。	
	タイヤ	摩耗、損傷はないか。エア漏れはないか。ホイルナットの緩みはないか。	
	ゲージ	作動はよいか。	
	油圧装置	作動はよいか。油量はよいか。漏れはないか。	
土木機	排土板回り	エッジ、ビットの損傷、ボルトの緩みはないか。	
保安装置	灯火装置	点灯、点滅、切り換えはよいか。	
	警報器	作動はよいか。	
	バックミラー	方向はよいか。損傷はないか。	
設備	運転者名札	取りつけてあるか。	
取り扱い上の注意事項	1．運転者は「車両系建設機械運転技能講習修了者」（機体重量３ｔ以上）「車両系建設機械運転特別教育修了者」（機体重量３ｔ未満）であるかを確認し、機械にその者の氏名を表示する。 2．修理・アタッチメントの着脱は「作業指揮者」を選任し、作業させる。 3．定めた信号・合図を確認の上、運転させる。 4．運転者が運転席を離れるときは排土板を地上に降ろし、原動機を停止し、キーを保管らせ、逸走防止の措置をさせる。 5．公道上を走行するときは免許者であるかを確認し、「道路交通法」を守らせる。 6．自主検査または点検により異常を認めたときは、すみやかに補修その他必要な措置をする。		

ロードローラー日常点検表

項　　目		チェックポイント	点検結果
エンジン	クランクケース	油量はよいか。	
	ラジエータ	水は十分か。フィンの目詰まり、水漏れはないか。	
	ファンベルト	張りはよいか。損傷はないか。	
	ゲージ	作動はよいか。損傷はないか。	
	燃料系統	漏れはないか。	
	潤滑油系統	漏れはないか。	
シャーシおよび動力伝達装置	主クラッチまたはトルクコンバータ	作動はよいか。	
	トランスミッション	作動はよいか。	
	逆転機	作動はよいか。	
	ステアリング	作動はよいか。ハンドルの遊びは適当か。	
	ブレーキ	効きはよいか。ペダル、レバーの調整はよいか。	
	ゲージ	作動はよいか。	
	ファイナルドライブ	作動はよいか。	
	シャーシ・フレーム	給油脂はよいか。	
保安装置	灯火装置	点灯、点滅、切り換えはよいか。	
	警報器	作動はよいか。	
	バックミラー	方向はよいか。損傷はないか。	
設備	運転者名札	取りつけてあるか。	
取り扱い上の注意事項	1．運転者は、建設機械運転特別教育修了者であるかを確認し、機械にその者の氏名を表示する。 2．修理・アタッチメントの着脱は「作業指揮者」を選任し、作業させる。 3．定めた信号・合図を確認の上、運転させる。 4．乗車席以外の個所に作業員を乗せない。 5．運転者が運転席を離れるときは、原動機を停止し、キーを保管させ、逸走防止の措置をさせる。 6．公道上を走行するときは免許者であるかを確認し、「道路交通法」を守らせる。 7．自主検査または点検により異常を認めたときは、すみやかに補修その他必要な措置をする。		

くい打ち機日常点検表

項目		チェックポイント	点検結果
エンジン	クランクケース	油量はよいか。	
	ラジエータ	水は十分か。フィンの目詰まり、水漏れはないか。	
	ファンベルト	張りはよいか。損傷はないか。	
	ゲージ	作動はよいか。損傷はないか。	
	燃料系統	漏れはないか。	
	潤滑油系統	漏れはないか。	
動力伝達装置及び作業装置	主クラッチまたはトルクコンバータ	作動はよいか。油漏れはないか。	
	トランスミッション	作動はよいか。油漏れはないか。	
	ブーム起伏装置	作動はよいか。	
	巻き上げ装置	作動はよいか。ブレーキの効きはよいか。	
	旋回装置	スムーズに動くか。ブレーキの効きはよいか。	
	クレーンブーム	ジョイントピン、ボルトの緩みはないか。	
	ワイヤロープ	乱巻き、素線の切断はないか。塗油はよいか。	
	ハンマリーダ	ジョイントピン、ベルトの緩み、ガタはないか。	
	リーダガイド	摩耗、曲がり、損傷はないか。	
	フートピン回り	摩耗、ガタ、損傷はないか。	
	バックステ	ジョイントピン、ボルトの緩み、ガタはないか。	
	油圧機器及び配管	異音、損傷、接続部の緩み、油漏れはないか。	
走行装置	ブレーキ	効きはよいか。	
	足回り（履帯）	履帯の緩みは適当か。シューボルトの緩み、脱落はないか。	
	シャーシ・フレーム	給油脂はよいか。	
ディーゼルハンマ	つり上げ装置	作動はよいか。	
	冷却水タンク	水は十分か。漏れはないか。	
	ラム	潤滑油量はよいか。	
	排気	無色ないし、微青色であるか。	
	配管	油、燃料漏れはないか。	
	インパクトブロック	給油脂はよいか。	
杭打キャップ	キャップ	クッションの摩耗、損傷はないか。ワイヤロープに損傷はないか。	
安全装置	起伏制限装置または警報装置	作動はよいか。	
	ロック装置	作動はよいか。	
	警報器	作動はよいか。	

アースドリル日常点検表

項　　目		チェックポイント	点検結果
エンジン	クランクケース	油量はよいか。	
	ラジエータ	水は十分か。フィンの目詰まり、水漏れはないか。	
	ファンベルト	張りはよいか。損傷はないか。	
	ゲージ	作動はよいか。損傷はないか。	
	燃料系統	漏れはないか。	
	潤滑油系統	漏れはないか。	
動力伝達装置及び作業装置	主クラッチまたはトルクコンバータ	作動はよいか。油漏れはないか。	
	トランスミッション	作動はよいか。油漏れはないか。	
	伝導装置	ベルト、チェーンの緩みはないか。	
	ウインチ（クラッチ）	油や水のしみ、摩耗はないか。	
	ウインチ（ブレーキ）	油や水のしみ、摩耗はないか。	
	ウインチ（ラチェット・ツメ）	摩耗、亀裂はないか。	
	ウインチ（軸受け）	給油脂はよいか。	
	ブーム	起伏の作動はよいか。ジョイントの緩みはないか。	
	ワイヤロープ	乱巻き、素線の切断はないか。塗油はよいか。	
	タンピングアーム	曲がり、取りつけ部の損傷はないか。	
	ケリーヨーク、ケリーバ	曲がり、ジョイントの緩みはないか。	
	ロータリテーブル	作動はよいか。給油脂はよいか。	
	チュービング装置	作動はよいか。	
	アウトリガ	効きはよいか。	
	ハンマグラブ	作動はよいか。損傷はないか。	
	バケット	損傷はないか。	
	油圧装置・油圧系統	作動、油圧はよいか。油漏れはないか。	
走行装置	ブレーキ	作動はよいか。	
	足回り（履帯）	履帯の緩みは適当か。	
	シャーシ・フレーム	給油脂はよいか。	
設備	運転者名札	取りつけてあるか。	
環境	作業場所の路盤	足元の安定はよいか。	

モーターグレーダー日常点検表

項　　目		チェックポイント	点検結果
エンジン	クランクケース	油量はよいか。	
	ラジエータ	水は十分か。フィンの目詰まり、水漏れはないか。	
	ファンベルト	張りはよいか。損傷はないか。	
	ゲージ	作動はよいか。損傷はないか。	
	燃料系統	漏れはないか。	
	潤滑油系統	漏れはないか。	
シャーシおよび伝達装置	主クラッチまたはトルクコンバータ	作動はよいか。油量はよいか。	
	トランスミッション	作動はよいか。油量はよいか。	
	ステアリング	作動はよいか。	
	ブレーキ	作動はよいか。	
	プロペラシャフト	異音はないか。	
	ファイナルドライブ	異音はないか。	
	タイヤ	摩耗、損傷、ホイルナットの緩みはないか。	
作業装置	油圧装置	作動はよいか。油量はよいか。油漏れはないか。	
	ブレード回転・昇降・横送り機構	作動はよいか。	
	リーニング機構	作動はよいか。	
	スカリファイヤ機構	作動はよいか。	
	ブレード	エッジの損傷、ボルトの緩みはないか。	
保安装置	灯火装置	点灯、点滅、切り換えはよいか。	
	警報器	作動はよいか。	
	バックミラー	方向はよいか。損傷はないか。	
設備	運転者名札	取りつけてあるか。	
取り扱い上の注意事項	\multicolumn{2}{l	}{1．運転者は「車両系建設機械運転技能講習修了者」（機体重量３ｔ以上）「車両系建設機械運転特別教育修了者」（機体重量３ｔ未満）であるかを確認し、機体にその者の氏名を表示する。 2．修理・アタッチメントの着脱は「作業指揮者」を選任し、作業させる。 3．定めた信号・合図を確認の上、運転させる。 4．運転者が運転席を離れるときは、原動機を停止し、キーを保管させ、逸走防止の措置をさせる。 5．公道上を走行するときは免許者であるかを確認し、「道路交通法」を守らせる。 6．自主検査または点検により異常を認めたときは、すみやかに補修その他必要な措置をする。}	

バイブロハンマ日常点検表

項目		チェックポイント	点検結果
ショックアブソーバ	スプリング	損傷はないか。	
	つりワイヤロープ	素線の切断、変形、摩耗はないか。塗油はよいか。	
電気	モーター取りつけボルト	緩みはないか。	
	Vベルト（張り具合）	張りはよいか。	
	Vベルト	摩耗、損傷、劣化はないか。	
	キャプタイヤケーブル	損傷、劣化はないか。	
	キャプタイヤケーブル接続部	接触不良、露出部はないか。	
	アース	規定の電線で確実に取ってあるか。	
	モーター（回転）	回転方向はよいか。	
	モーター	絶縁抵抗はよいか。	
	操作盤	絶縁機の損傷、変形はないか。	
チャック	チャック・ピンジョイント	ツメの摩耗、損傷はないか、ピンの摩耗はないか。	
油圧装置	油タンク	油量はよいか。油の汚れはないか。	
	油圧計	油圧はよいか。損傷はないか	
	配管	ホースの損傷、油漏れはないか。	
	操作バルブ	損傷はないか。	
設備	運転者名札	取りつけてあるか。	
取り扱い上の注意事項	1．運転者は、くい打機及びくい抜機運転の特別教育修了者であるかを確認し、機械にその者の氏名を表示する。 2．組み立て、解体移動は「作業指揮者」を選任し、作業させる。 3．定めた信号・合図を確認の上、運転させる。 4．アースは規定の電線で確実に取らせる。 5．運転者に、キャプタイヤケーブル、油圧ホースが損傷しないよう養生させる。 6．モーターが過熱したときは冷却するまで作業を一時中止させる。 7．運転者が運転位置を離れるときは電源スイッチを切らせる。 8．自主検査または点検により異常を認めたときは、すみやかに補修その他の必要な措置をする。		

ボーリングマシン日常点検表

項目		チェックポイント	点検結果
電気	モーター	絶縁抵抗はよいか。	
	アース	規定の電線で確実に取ってあるか。	
	運転操作盤	雨水の浸入はないか。損傷はないか。	
	配線（端子）	端子の緩みはないか。	
	配線	変形、損傷、劣化はないか。	
櫓	マスト・ステー（取りつけ）	取りつけはよいか。	
	マスト・ステー	変形、損傷はないか。	
	シーブ	ワイヤロープの外れはないか。	
	シーブ・ピン	溝の段つけ摩耗、片減りはないか。給油脂はよいか。	
本体	ゲージ	作動はよいか。損傷はないか。	
	減速機	油量はよいか。油漏れはないか。	
	クラッチ	作動はよいか。	
	ブレーキ	効きはよいか。	
	油圧装置	油量はよいか。汚れ、油漏れはないか。	
	チャック	摩耗、損傷はないか。	
	配管・バンド	油漏れ、緩み、損傷はないか。	
	配管・バンド	変形、劣化、亀裂はないか。	
	ワイヤロープ	乱巻き、素線の切断はないか。塗油はよいか。	
	ワイヤロープ	変形、直径の減少はないか。	
	ロット	曲がり、損傷はないか。	
	ビット	摩耗、損傷はないか。	
台車	車輪	振れ、片減りはないか。	
	軸受け	給油脂はよいか。	
台車	取りつけボルト	緩み、脱落はないか。	
	レールクランプ	作動はよいか。緩み、損傷はないか。	
	アウトリガ用ジャッキ	作動はよいか。	
設備	運転者名札	取りつけてあるか。	

移動式クレーン日常点検表

項　　目		チェックポイント	点検結果
エンジン	クランクケース	油量はよいか。	
	ラジエータ	水は十分か。フィンの目詰まり、水漏れはないか。	
	ファンベルト	張りはよいか。損傷はないか。	
	ゲージ	作動はよいか。損傷はないか。	
	燃料系統	漏れはないか。	
	潤滑油系統	漏れはないか。	
作業装置	主クラッチ	作動はよいか。	
	P・T・O（動力取り出し装置）	作動はよいか。異音はないか。	
	ブーム起伏装置	クラッチ、ブレーキの作動はよいか。	
	ブーム起伏伸縮装置	作動はよいか。	
	旋回装置	スムーズに動くか。	
	巻き上げ装置	クラッチの作動はよいか。ブレーキの効きはよいか。	
	アウトリガー	効きはよいか。	
	クレーンブーム	ジョイントピン、ボルトの緩みはないか。	
	シーブ	ワイヤロープの外れはないか。	
	ワイヤロープ	乱巻き、素線の切断はないか。塗油はよいか。	
走行装置	ステアリング	作動はよいか。	
	タイヤ	損傷、摩耗、ホイルナットの緩みはないか。	
	ブレーキ	効きはよいか。	
	シャーシバネ	折損はないか。	
安全装置	巻過防止装置または警報装置	作動するか。	
	起伏制限装置または警報装置	作動するか。	
	過負荷防止装置	指針の動きはよいか。	
安全装置	ロック装置	作動するか。	
	バックストッパー	曲がりはないか。	
	フック	ワイヤロープの外れ止めは効くか。	
保安装置	灯火装置	点灯、点滅、切り換えはよいか。	
	警報器	作動はよいか。	
	バックミラー	方向はよいか。損傷はないか。	
設備	運転者名札・荷重表示板	取りつけてあるか。	
	ブーム長さ指示装置	作動はよいか。	

玉掛け作業チェックリスト

区分	チェックポイント	良否	改善事項
作業者	・玉掛け作業は有資格者（技能講習や特別教育修了者）が行っているか。 ・作業指揮者を選任し、作業を指揮させているか。 ・作業者の服装は適切か。 ・作業者は保護帽や安全靴など、必要な保護具を着用しているか。 ・玉掛け作業者はつり荷の重量やクレーンの最大つり上げ荷重などを熟知しているか。		
作業計画	・クレーン作業計画を当日の作業前に作成しているか。また、関係者に周知しているか。		
作業方法	・玉掛け用具の始業点検を行っているか。 ・玉掛け用具は正規のものを使用しているか。 ・つり荷の重量に耐えられるロープを使用しているか。 ・玉掛け用ワイヤロープは損傷していないか。 ・地切りをしたところで停止し、安全を確認しているか。 ・荷の重心の真上にフックがくるようになっているか。 ・人がつり荷の下に立ち入ったり、荷の上に乗ったりしてはいないか。 ・荷を移動させる場合、つり上げ高さは適正か（地上２ｍが標準）。 ・周囲のものに打ち当てないように注意して荷をつっているか。 ・重心ができるだけ低くなるようにワイヤ掛けをしているか。 ・ロープのつり角度は60度以内になるようにしているか。 ・丸太、角パイプ、単管などを１本づりにしてはいないか。 ・荷のとがった角には当て物を施しているか。 ・横引き、斜めづりをしてはいないか。 ・荷を降ろす場所を整理整頓しているか。 ・荷を降ろしたとき、荷が転倒するおそれはないか。 ・荷を降ろすとき、荷揺れを止めてから降ろしているか。 ・荷揺れを止めるために無理に押したり引いたりしてはいないか。 ・荷揺れを防ぐためのかいしゃく綱を使用しているか。 ・作業者自身の足が荷の下敷きにならないように注意しているか。 ・荷が安定したのを確かめてから玉掛け用ワイヤロープを外しているか。 ・作業者自身の手がロープに挟まれないように注意しているか。 ・必要な合図を定め、実行しているか。 ・作業標準に基づいた安全な方法で作業を行っているか。 ・始業前点検が行われているか。 ・月ごとに実施が行われ、点検識別テープが巻かれているか。		
玉掛けワイヤー	・素線切断が集中している部分はないか。 ・著しく細い部分はないか。 ・キンクしている部分はないか。 ・ストランドが緩んだり、落ち込んだりしている部分はないか。 ・赤サビができてはいないか。 ・著しい傷、くぼみ、つぶれ、より戻りなどがないか。 ・酸やアルカリで腐食している部分はないか。		

災害事例●

災害事例① バックホーで敷鉄板をつり上げたところ、バランスを崩して転倒

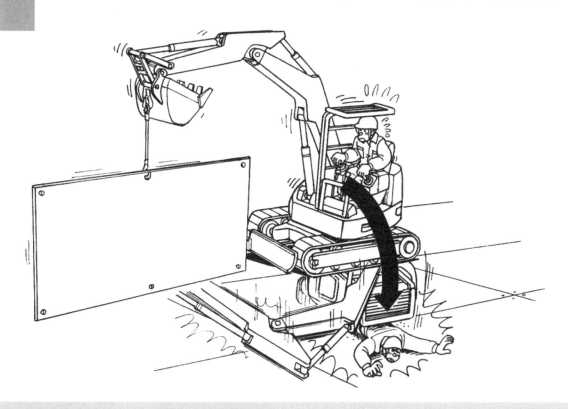

被災者の状況

職種：オペレーター
年齢：64歳
経験年数：18年
請負次数：2次

災害発生状況

　集水桝の設置作業後、桝周辺の開口部を養生するため、敷鉄板をミニバックホーでつり上げたところ、バランスが崩れて転倒。ミニバックホーと敷鉄板の間に挟まれた。

作業上の留意点

　最近は、クレーン機能付きのバックホーを使用することが多くなってきており、仮設用の敷鉄板を移動する作業も頻繁に行われています。
　ただし、敷鉄板はサイズが小さいものでも重量が厚さによって800kg〜910kg程度もあり、断面も大きいため、つり上げる際に荷振れを起こしてバランスを崩しやすい資材です。特に旋回をする際には注意が必要であるため、クレーン機能付きバックホーでの敷鉄板の移動作業は危険性がかなり高い作業といえます。

●第2章　建設機械・クレーン等災害防止対策

災害事例 ② アスファルト残材を片づけ中、転圧中のタイヤローラーに巻き込まれる

被災者の状況

職種：土工
年齢：25歳
経験年数：10ヵ月
請負次数：3次

災害発生状況

アスファルト舗装工事中、転圧作業と並行して残材の片づけを行っていたところ、バックしてきたタイヤローラー（10ｔ）に巻き込まれた。

作業上の留意点

アスファルト舗装工事に使用されるタイヤローラーは、前後に走行して転圧を繰り返しますが、運転席からの死角が大きいため、作業中の危険性が高い建設機械です。特に舗装工事は、作業員と近接する作業が多いため、徹底して機械と作業員の作業エリアを分離する、または誘導者を配置し、ローラーの作業員への接近を警告することを明確にした作業計画が必要となります。

災害事例 ③ クレーンのカウンターウェイトに接触し、墜落

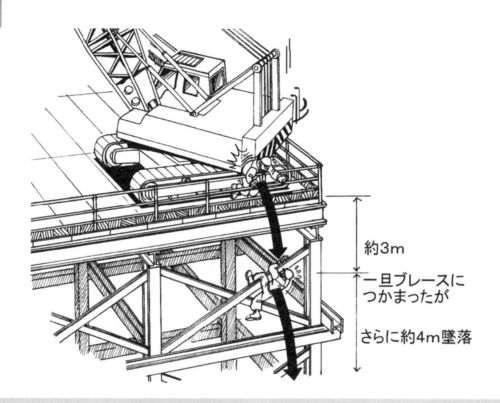

約3m
一旦ブレースにつかまったが
さらに約4m墜落

被災者の状況

職種：電工
年齢：35歳
経験年数：17年
請負次数：2次

災害発生状況

構台に設置してあった仮設照明の移設を行うため、50ｔクローラクレーンの真横で作業を行っていたところ、回転してきたクレーンのカウンターウェイトに押し出されるように挟まれ、構台上から墜落した。

作業上の留意点

規模の大きい建設物を構築する際には、仮設の構台が計画され、限られたスペースの中でバックホー、ダンプトラック、移動式クレーン等を使用して作業が進められます。多くの仮設構台は、幅員に余裕がないため作業員との近接作業を行うには無理があり、どうしても合図者を配置しなければならないような場合は、構台から離れた位置で無線を使用する、あるいは構台から張り出すように合図者専用の設備を設けるなど、重機と作業員を完全に分離する措置を計画時点で検討しておく必要があります。

● 第2章　建設機械・クレーン等災害防止対策

災害事例 ④ コンプレッサーをつって旋回中のミニバックホーが転落

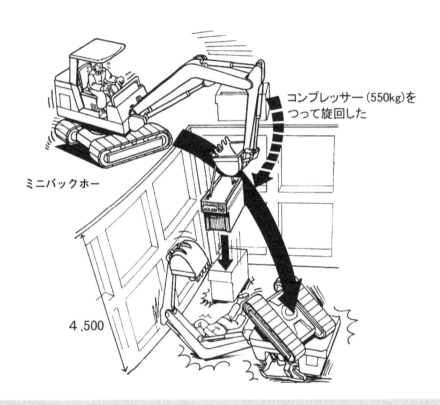

被災者の状況

職種：オペレーター
年齢：59歳
経験年数：33年
請負次数：3次

災害発生状況

　コンプレッサー（550kg）をミニバックホーのバケットの爪でつって旋回していたところ、バランスを崩し、擁壁の下部へ転落してオペレーターが機体の下敷きとなった。

作業上の留意点

　過大な重量のつり荷に加え、用途外使用を行ったことが災害発生の原因と思われます。ただし、クレーン機能付きバックホーを使用するにしても、アーム部分につり荷の負荷が掛かりバランスを崩しやすいなど、荷をつる作業には細心の注意が必要です。

災害事例 5 バックホーで解体ガラを集積中、旋回した際にバケットが激突

被災者の状況

職種：解体工
年齢：61歳
経験年数：30年
請負次数：2次

災害発生状況

解体作業中に、粉じんの発生を抑えるために散水作業を行っていた作業員に、解体ガラをバケットですくおうと旋回したバックホーのバケットが激突した。

作業上の留意点

バックホーは、機体の重心が高く、アームが長いため先端のバケットに大きな荷重が作用すると転倒する危険性があります。また、アーム先端のバケットの操作に集中しながらの旋回操作となるため、側方、後方の安全確認がおろそかになる傾向があるほか、メーカーごとにレバーの操作パターンに違いがあり、誤操作を起こす危険性があります。

●第2章 建設機械・クレーン等災害防止対策

災害事例 ⑥ くい打機の機体とキャタピラ上部に作業員が挟まれた

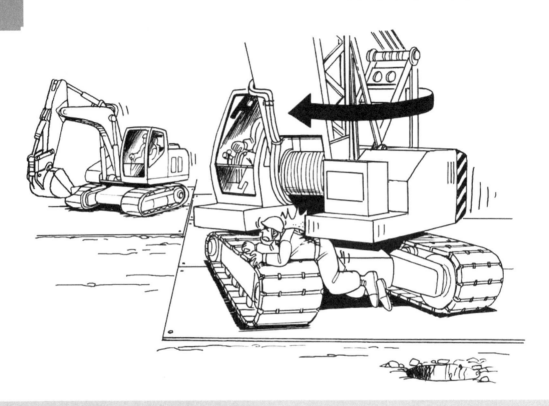

被災者の状況

職種：土工
年齢：49歳
経験年数：5年
請負次数：3次

災害発生状況

くい打機のバケット内の土砂を排出するためバケットを引き上げ、右旋回したところ、工具を取りに行こうとした作業員が機体とキャタピラ上部に挟まれた。

作業上の留意点

稼働中の重機への安易な接近が災害の原因となっています。作業員が不用意に重機に接近しないよう立入禁止措置を行うことはもちろんですが、オペレーターは機械の周辺または旋回範囲に作業員がいないことを確かめてから操作を開始することと合わせて、誘導者を配置してオペレーターの死角を補う等の配慮が必要です。

災害事例 ⑦ クライミング用のロックピンが抜けてタワークレーンが落下

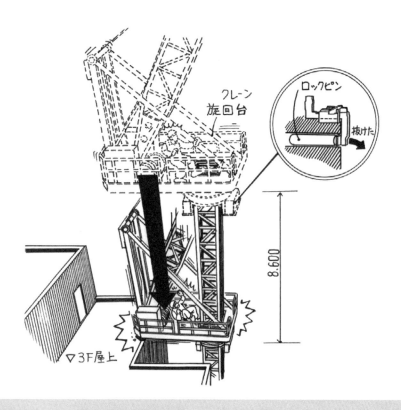

被災者の状況

職種：設備工
年齢：52歳
経験年数：25年
請負次数：3次

災害発生状況

クライミングクレーンの旋回台を支えているロックピンが抜け、本体が8.6m落下。旋回台上で作業していた被災者は、旋回台と共に転落した。

作業上の留意点

事故が起きたタワークレーンの仕組み

　クライミング式のタワークレーンのロックピンが抜けたため、旋回台が落下したと報告されていますが、同様の災害は平成21年にも東京都内の現場でタワークレーンを解体する作業中に発生しました。
　タワークレーンは、左図のように上下のロックピンでクレーン本体の重量を交互に支え、油圧シリンダを伸縮させて昇降させる機構となっています。
　都内の災害は、現場検証を行った警察の発表によると、作業台を支えているロックピンが本来11cm差し込むべきところ、5mmしか挿入されていなかったため、落下したとのことです。ロックピンの挿入が浅いまま作業を進めた原因は不明ですが、作業手順の各ステップの実施確認が欠けていたように思います。

●第2章 建設機械・クレーン等災害防止対策

災害事例 ⑧ 積載形トラッククレーン車が横転し、ブームが激突

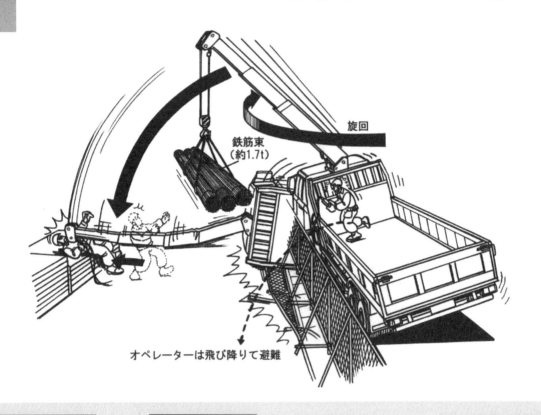

被災者の状況

職種：鉄筋工
年齢：55歳
経験年数：4年
請負次数：1次

災害発生状況

　積載形トラッククレーンを使用して鉄筋の荷下ろし作業を行っていた際、アウトリガーを全部張り出さないままブームを旋回させたため横転し、玉掛け者にブームの先端が激突した。

作業上の留意点

　積載形トラッククレーンに起因する災害を防止するためのポイントは、
① 　積荷の重量が「定格総荷重」以下であることを事前に確認する。
② 　荷を下ろす際は、作業半径が順次小さくなるよう荷台後方の積荷から下ろす。
③ 　後方領域から側方領域へ旋回する際、安定の特に悪い領域（図参照）があるため、バランスを崩してもつり荷が接地して安定が保てるよう、できるだけ低い位置で旋回する。
④ 　側方領域での作業は、後方領域よりも安定度が悪くなるため、後方領域から側方領域へ旋回するときは安定度を確認しながらゆっくりと旋回する。

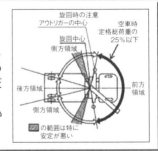

84

災害事例 ⑨ 高所作業車に乗ったまま移動し、段差に気づかずに転倒

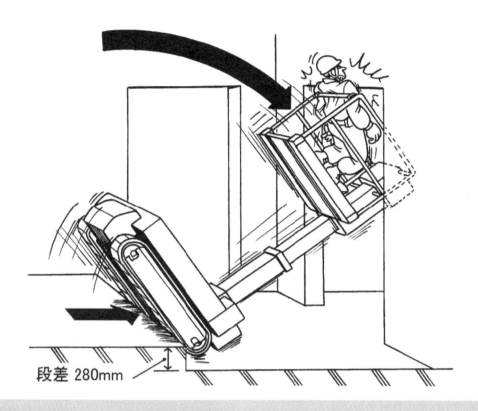

段差 280mm

被災者の状況

職種：内装工
年齢：16歳
経験年数：0年
請負次数：2次

災害発生状況

　防火区画の間仕切ボード工事を行うため、高所作業車を使用していたところ、作業車に乗ったまま移動させた際、床段差（280mm）で作業車が転倒し、作業車の手すりと壁の間に体が挟まれた。

作業上の留意点

　高所作業車を堅固で平坦な場所以外で走行させる場合は、
　1．誘導者を配置し、その者に高所作業車を誘導させること。
　2．一定の合図を定め、前号の誘導者に当該合図を行わせること。
が必要となります。建設現場では、段差や傾斜部、開口部等に常に近接して作業することが多いため、図のような段差がある場所では誘導者の配置を作業計画に明記することが肝要です。また、高所作業車はちょっとした段差でもプラットフォームの振れが大きくなるため、慎重な走行が求められます。

●第2章 建設機械・クレーン等災害防止対策

災害事例⑩ バックホーで解体用アタッチメントを下ろす作業中に転落

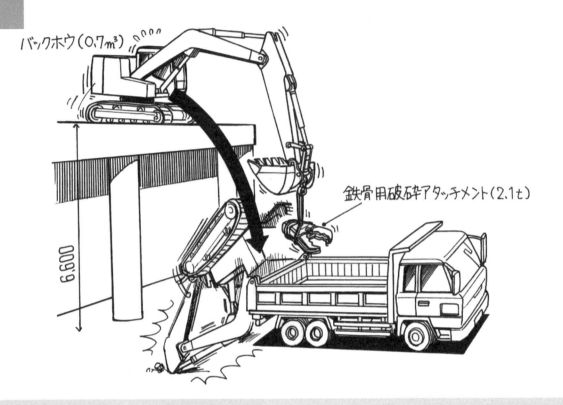

被災者の状況

職種：オペレーター
年齢：47歳
経験年数：20年
請負次数：2次

災害発生状況

倉庫解体工事現場で、2階スラブからの鉄骨解体用アタッチメント（2.1t）を地上の4tダンプの荷台に下ろそうとしたところ、バランスを崩し、バックホーと共に転落した。

作業上の留意点

発生概要図から判断すると、バックホーの用途外作業を行っていたと思われますが、仮にクレーン機能付きバックホーを使用したとしても事例のようにブームを足元以下に下げる作業は危険性が非常に高まります。ブームの重量とつり荷によるモーメントが刻々と変化し、それに荷ぶれが重なると一気に転倒につながる可能性があります。解体機のアタッチメントをつり上げて移動する光景をよく見かけますが、バランスを崩しやすいので、確実にクレーンモードに切り替えた上で慎重に作業を進めることが大切です。

第3章
倒壊・崩壊災害防止対策

第3章では、土砂崩壊や倒壊防止対策を取り上げました。対策事項は施工前の実施事項と実作業段階での実施事項に大別でき、地山の点検や崩壊防止措置などが重要なポイントになります。各種資料は、各事業場や団体のものなどをアレンジして使用しています。

1 安全対策の概要

地山の点検や崩壊の防止を

　土砂崩壊災害は、道路建設工事での斜面の切り取り作業や上下水道工事での溝掘削作業などで多発しています。

　また、地山の掘削は、建設工事の中でも基本的な作業であり、道路や上下水道工事以外にも、ビル建設工事の根切り、ダムや橋脚などの土木工作物建設での基礎工事の際など、広範囲にわたって行われます。その一方で、土砂崩壊が発生すると、一度に多数の作業員が死傷する重大災害の危険性が高く、それだけに十分な防止対策を講ずることが必要です。

　労働安全衛生法令上における土砂崩壊に関する規制は、施工の前段階におけるものと実作業に関するものに大別できます。

　施工前には❶計画の作成、❷入念な地質調査に基づいた作業手順など、実作業にあたっては❶作業前の地山の点検、❷土止め支保工や防護網の設置による地山崩壊の防止などについての規定があります（**表1参照**）。

　以下、主な法規制を紹介します。

●事前の調査

　土砂崩壊災害を防ぐうえで欠くことができないのが、作業箇所の事前調査です。計画の作成、実作業の進行手順などに反映させなければならない最も重要なポイントです。

　労働安全衛生規則第355条では以下の4項目について、事前調査を行うことを義務づけています。

❶形状、地質および地層の状態

❷き裂、含水、湧水および凍結の有無および状態

❸埋設物等の有無の状態

❹高温のガスおよび蒸気の有無および状態

　同条ではさらに、これらの調査結果に基づいて、掘削の時期や順序を定めることと、その定めによって作業しなければならないことも規定しています。

●掘削面のこう配

　地質などの状態によっては、一定のこう配を超えていると、作業を行うには危険な場合があります。

　そのため、安衛則第356条および第357条では、こう配の基準を設定し、その基準を超える地山の掘削を禁止しています。

●地山の掘削作業主任者の選任

　作業に精通した者の下で作業を行うことが重要であるため、安衛則359条では、掘削面の高さが2m以上となる地山の掘削作業では作業主任者の選任を義務づけ、第360条でその職務内容が次のとおり定められています。

❶作業の方法を決定し、作業を直接指揮すること。

❷器具および工具を点検し、不良品を取り除くこと。

❸安全帯および保護帽の使用状況を監視すること。

土止め支保工や防護網などで地山の崩壊を防止する

　実作業段階では、作業開始前の点検、地山

表1 土砂崩壊災害の防止のための必要な措置

```
土砂崩壊災害の防止        ※則＝労働安全衛生規則
├─ 計画の届け出（安衛法88条）……………… 有資格者が参画した計画の作成と届け出
├─ 作業箇所や周辺の調査（則355条）……… 地山の崩壊や埋設物の損傷などによる危険の防止
├─ 作業計画の樹立（則355条）……………… 調査に基づいての作業方法などの決定
├─ 掘削面のこう配の基準（則356条）……… 地山の種類に応じた手掘り掘削こう配の順守
├─ 特別な地山の掘削こう配の基準（則357条）… 砂の地山、発破などで崩壊しやすい地山のこう配
├─ 明かり掘削作業での点検（則358条）…… 点検者の指名と点検者による点検の実施
├─ 作業主任者の選任（則359条）…………… 地山の掘削作業主任者の選任（掘削面高2m以上）
├─ 作業主任者の職務（則360条）…………… 作業方法の決定、作業の直接指揮など
├─ 崩壊などの危険の防止（則361条）……… 明かり掘削作業での土止め支保工の設置など
├─ 保護帽の着用（則366条）………………… 飛来・落下による危険の防止
├─ 照度の保持（則367条）…………………… 明かり掘削作業での照度の確保
└─ 崩壊などの危険の防止（則534条）……… 安全なこう配、土止め支保工の設置、雨水の排除など
```

の崩壊などによる危険の防止などに関する以下のような措置を講ずることとなります。

●点検

掘削作業を行う場合には、作業箇所及びその周辺について、「浮石およびき裂の有無及び状態並びに含水、湧水及び凍結の状態の変化」を点検します。中震以上の地震の後や大雨の後も同様の点検を行うことが義務づけられています。発破を行った後にも、発破を行った箇所やその周辺の浮石、き裂の有無・状態などの点検が必要です。

いずれの点検についても、点検者を指名して行わなければなりません（安衛則第358条）。

●地山の崩壊などによる危険の防止

明かり掘削を行う場合、作業者に危険を及ぼすおそれがあるときには、あらかじめ、危険防止措置を講じなければならない（安衛則第361条）。

●埋設物などによる危険の防止

掘削作業を行う周囲に埋設物やれんが壁、擁壁などがあり、その損壊によって災害が発生するおそれがある場合には、補強あるいは移設するなどの措置を講じなければならない（安衛則第362条）。

●掘削機械、運搬機械関係

掘削作業を行う個所の周辺にガス導管や地下ケーブルがある場合、掘削機械を使用することでそれらを損壊するおそれがあるときには、使用が禁止されている（安衛則第363条）。

運搬機械、掘削機械、積み込み機械の運行経路、機械の使用個所についてはあらかじめ定めておき、全作業者に周知徹底しなければならない（安衛則第364条）。

それらの機械の使用にあたっては、誘導者を配置し、地山からの転落、あるいは作業者への激突を防止しなければならない（安衛則第365条）。

●保護帽の着用

掘削作業では落石などの危険があるため、保護帽の着用は不可欠である（安衛則第366条）。

●照度の確保

掘削作業を行う個所は暗くなりがちであるため、作業に支障をきたさない照度を保つことが義務づけられている（安衛則第367条）。

2 掘削作業の安全確保

掘削こう配基準を遵守する

土砂崩壊が起こったときにそれが労働災害や人身事故となるのは、土砂崩壊が起こった場所に人がいることによるからでもあり、しかも多くの場合、それは掘削作業中ないしそれに付随する作業中のことです。

また、土砂崩壊が起こる原因が、掘削作業の方法自体にある場合も少なくありません。

したがって、土砂崩壊災害を防止するためには、掘削作業を安全で適切な方法で行うことが不可欠です。

図1 手掘り掘削作業における安全な掘削こう配

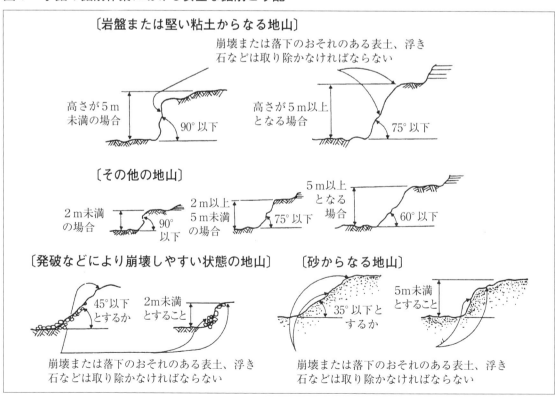

手掘り掘削作業では掘削面のこう配の基準が

掘削作業に関する災害を防止するために留意すべき重要事項に、手掘り掘削によって地山を掘削する際のこう配基準（**図1参照**）を守ることがあります。

この基準は、一般の地山を手掘りによって掘削する場合に、地山の崩壊による災害を防止するため、掘削面のこう配の限度を地山の種類と掘削面の高さに応じて定めたものです

表1　掘削現場の点検の方法と浮き石の処理方法

●点検の方法	●浮き石の処理
①降雨・降雪・浸透水などによって浮き石が生じていないか、異常の有無をよく点検する。 ②断層を伴う破砕帯や割け目が発達している個所は、特に切羽の内外の点検を入念に行う。 ③厳寒時には、岩石中に含まれた水分が氷結して浮き石が生じていないか、よく調査する。 ④層理や節理が発達している岩壁が崩れ落ちないか、十分に点検する。 ⑤粘土や岩石などは、大気の乾燥が続くと、き裂を生じることがあるので、よく点検する。 ⑥強風が続いた後には、入念に浮き石の点検をする。 ⑦せん孔作業開始前に、作業個所とその付近の浮き石点検を入念に行って、浮き石を除去してから作業にかからせる。また、作業員には、作業前に下部の切羽にいる者と十分な打ち合わせを行わせる。 ※同一切羽での上下二段作業は避けさせること。 ⑧発破の前後は、発破個所やその付近のき裂および浮き石の点検を十分に行うこと。	①浮き石落としは、腰綱、テコ類を準備し、それらの器具をよく点検してから、できるだけ少人数で行う。 ②作業前や作業中は、崩壊や落石の危険性に注意を払う。 ③傾斜面作業で墜落のおそれがあるときは腰綱を使用する。 ④作業を行うに当たっては下部作業を中止させ、立ち入り禁止にする。 ⑤安全帯の岩盤接触による岩石の落下および作業動作に伴う連鎖崩壊などを見極める。 ⑥土砂または小石などが、パラパラと落下するのは、き裂の発生拡大の前兆である場合が多いので、上部を絶えず点検・監視する。 ⑦数人で岩石落としを行う場合、作業は上部から行い、絶えず下部と連絡を取り合う。 ⑧危険が多い個所の岩石落としには熟練作業員を見張り人・合図者として配置する。 ⑨隣接した場所に他の作業場がある場合、作業前にあらかじめ連絡を取っておく。

（労働安全衛生規則第356条）。

　地山の崩壊による災害には手掘りによる掘削作業で発生する場合も多く、しかも掘削面のこう配が地山の種類や掘削面の高さに比べて急すぎることや、すかし掘りを行うことなどが主要な原因となることが、この規定が設けられている理由です。

　パワーショベルやトラクターショベルなどの掘削機械を用いて掘削作業を行う場合はこの基準の対象とはなりませんが、掘削機械の中には手持ちの削岩機は含まれず、手持ちの削岩機による掘削は手掘り掘削に含まれるので注意が必要です。

明かり掘削作業では指名された点検者の点検を

　明かり掘削作業を行う場合には、指名された点検者による作業個所およびその周辺の地山の点検も重要です。

　点検を行うにあたっては、点検時期や点検項目などに関する法定事項（安衛則第358条）はもとより、点検の仕方のポイントや浮き石を発見した場合のその処理方法を心得ておく必要があります（**表1参照**）。

地山の崩壊防止対策は支保工、防護網、立入禁止

　明かり掘削を行う場合で地山の崩壊や土砂の落下などの危険があるときには、あらかじめ、危険防止措置を講じておかなければなりません（安衛則第361条）。

　危険防止措置の具体的な内容としては、❶土止め支保工の設置、❷防護網の設置、❸労働者の立ち入り禁止措置、などが挙げられます。

　これ以外にも行政通達（昭40・2・10　基発第139号）で、ロックボルトを用いること、落石防止柵を設けることなどが例示されています。

　こうした、現場で実作業を行う上での安全確保にあたっては、地山の掘削作業主任者等を選任し、その指示にしたがって作業を行うことが肝要です。

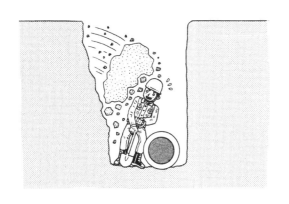

土止め支保工なしの溝内作業は危険を伴う

土止め支保工の先行設置を

法面掘削計画のポイント

　施工実施計画作成に関しては、法面掘削のこう配、深さについて十分に検討しなければなりません。

1　計画

　施工実施計画図には、次の事項を記入するとともに実情に応じて特記事項を追加する。
a．法面のこう配、高さ。
b．法面の養生方法、水抜きパイプの位置、大きさ。
c．犬走りの幅。
d．土質断面および水位。
e．施工順序および注意事項。
f．計測機器の種類と設置位置。
g．特殊土（泥炭、関東ローム、マサ土、シラスなど）の掘削については特に考慮すること。
h．特記事項。
i．作業開始前に地山のき裂、含水、湧水、ガスなどの状態把握（点検）を行い、作業に着手する。また、作業中に予期しない湧水、ガスなどが発生した場合の報告、処置などの管理体制を確立しておく。

2　作業管理

a．法面掘削は施工実施計画図に基づき、正しい掘削深さ、こう配を取り、法面、法肩、法尻、周辺地盤を緩めないように掘削を行う。
b．法肩には計画時に想定した以上に荷重がかからないようにする（近接して資材を置かない）。
c．地下水の状態をよく把握し、湧水による法面の崩壊には十分注意し、雨水の流入による地盤の崩壊を防止する。
d．法面は平滑にカットし、浮き石などがある場合は慎重に処理をする。
e．施工期間中は、き裂の観察、標柱による移動測定などを行い、対象地盤の安定をチェックする。
f．法面を長期にわたって放置する場合は、必要に応じてモルタルコンクリート吹きつけなどを行う。

3　異常時の処置

　法面または周辺の水位が増加したり、一定の割合で増加する場合は、危険な状態と判断し、状態に応じ、すみやかに適切な処置を講じなければならない（危険と考えられる範囲を立ち入り禁止として、細心の注意をもって慎重に処理する）。

掘削作業チェックリスト

区分	チェックポイント	良否	改善事項
作業者	・以下の事項について調査し、掘削時期や順序を決定しているか。 ○形状、地質、地層の状態 ○亀裂、含水、湧水、凍結の有無と状態 ○埋設物などの有無と状態 ○高温のガスや蒸気の有無と状態 ・作業開始前に、浮き石、亀裂、含水、湧水、凍結などの状態を、点検者を指名して点検させているか。 ・発破作業を行った場合、浮き石や亀裂の有無や状態を、点検者に点検させているか。 ・掘削作業は作業主任者の直接指揮の下で作業を行っているか。 ・土止め支保工や防護網を設置するなど、地山の崩壊や落石などによる危険の防止措置を講じているか。 ・危険防止措置を講じられない場所は、立ち入りを禁止しているか。 ・埋設物や建設物の近くでは、これらの補強や移設を行っているか。 ・ガス導管を移設する場合、指揮者の下で作業を行っているか。 ・地下工作物を破壊する場合、掘削機械の使用を禁止しているか。 ・運搬機械などの運行経路や出入り方法を周知させているか。 ・運搬機械などを稼働させる場合、誘導者に誘導させているか。 ・掘削作業場所には、十分な照度を確保しているか。 ・保護帽や安全帯などを使用しているか。 ・地山は安全なこう配を保っているか。 ・掘削溝内の雨水や地下水などを排水しているか。 ・深さ1.5m以上の掘削個所には、安全な昇降設備を設けているか。 ・退避場所を設定しているか。 ・立ち入り禁止区域には、その旨を表示しているか。		
作業方法	・作業主任者の直接指揮の下で作業を行っているか。 ・作業開始前に、作業個所や周辺を点検者に点検させているか。 ・のり肩の崩壊防止措置を講じているか。 ・掘削上部を車両が通行する場合、限界柵を設置しているか。 ・地山の種類に応じた法定の掘削面の高さやこう配を守っているか。 ・すかし掘りを行っていないか。 ・段掘りを励行しているか。 ・掘り出した土砂や資材などを、のり肩に積んではいないか。 ・雨水や地下水、湧水を排水しているか。 ・浮き石を取り除いているか。 ・浮き石の除去や割り石などを行う場合、転石方向や安定度を確認してから作業を行っているか。 ・つるはしやショベルなどを、テコ代わりに使用していないか。 ・作業者同士が接近しすぎて作業していないか。 ・埋め戻し場所には、立ち入り禁止柵や表示を設けているか。		

3 土止め支保工の設置

十分な強度を有した材料を

　土砂崩壊災害防止対策に不可欠で実際上は最も重要であるともいえるのが、土止め支保工の正しい設置や維持管理です（**図1**、**表1**参照）。土止め支保工に関しては、労働安全衛生規則に具体的な規定があるので、以下に紹介します。

●材料

　すべての材料について、著しい損傷、変形、腐食があるものを使用してはなりません（第368条）。

　一個所でも強度的に問題がある部分があると、土止め支保工もろともその部分から崩壊する危険性があるためです。

●構造など

　事前に行った地質調査などをもとに、現場の状況に応じた堅固な構造にしなければなりません（第369条）。

　あらかじめ組立図を作成しておかなければならない（第370条第1項）のですが、手順の前後が異なることが災害につながる危険性があるだけに、順序を明示しておく必要があります（第370条第2項）。

●部材の取りつけなど

　部材の取りつけについては、以下のように、具体的に定められています（第371条）。

❶切梁および腹起こしは、脱落を防止するため、矢板、くいなどに確実に取りつけること。

❷圧縮材（火打ちを除く）の継手は、突合わせ継手とすること。

❸切梁または火打ちの接続部及び切梁と切梁との交差部は、当て板を当ててボルトにより緊結し、溶接により接合するなどの方法により堅固なものとすること。

❹中間支持柱を備えた土止め支保工にあっては、切梁を当該中間支持柱に確実に取りつけること。

❺切梁を建築物の柱などの部材以外の物により支持する場合にあっては、当該支持物は、これにかかる荷重に耐えうるものとすること。

●点検

　1週間を超えない期間ごと、また、中震以上の地震や大雨などがあり、地山が軟弱化するおそれがある場合などには、以下の事項について点検しなければなりません（第373条）。

❶部材の損傷、変形、腐食、変位および脱落の有無および状態

❷切梁の緊圧の度合

❸部材の接続部、取りつけ部および交差部の状態

　こうした点検の際に異常が発見された場合には、補強、改修などの措置を講じます。

●土止め支保工作業主任者関係

　土止め支保工の切梁、腹起こしの取りつけ、取り外し作業については、土止め支保工作業主任者を選任しなければなりません。その職務は以下のとおりです（第375条）。

❶作業の方法を決定し、作業を直接指揮す

ること。
❷材料の欠点の有無並びに器具および工具を点検し、不良品を取り除くこと。
❸安全帯などおよび保護帽の使用状況を監視すること。

図1　土止め支保工の例

①簡易土止め支保工

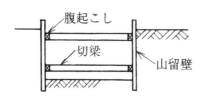
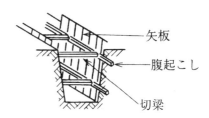

②鋼矢土止め支保工

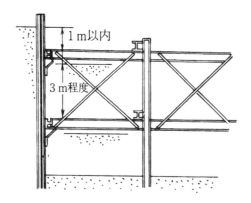
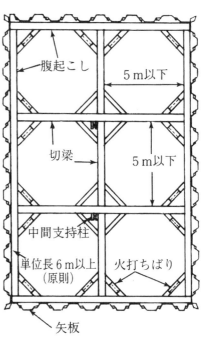

※**腹起こし**…土止め壁に作用する土圧、水圧等を切梁などに平均して伝えるための部材。均等に土圧等がかかるようにするためにも、土止め壁との間に隙間がないように密着させることが必要となる。

※**切梁**…土止め壁にかかる土圧等を腹起こしを介して受ける部材で、一般には圧縮を受ける部材である。

※**火打ち**…土止め壁の隅部の変形防止や、腹起こしの補強の目的で設けられる部材。切梁の水平間隔を長くしたい場合にも用いられる。

3　土止め支保工の設置

表1　土止め支保工点検表

区分	チェックポイント	良否	改善事項
土止め支保工の設置方法・設置状態	・土止め支保工の材料に大きな損傷、変形、腐食はないか。 ・土止め支保工は組み立て図に基づいて施工されているか。 ・切梁、腹起こしは、矢板、くいなどに確実に取りつけているか。 ・圧縮材の継手は、突き合わせ継手になっているか。 ・切梁の接合部および交差部の強度は十分であるか。 ・中間支柱への取りつけ方法は適切であるか。 ・支持物の強度は十分であるか。 ・作業主任者の直接の指揮のもとで作業を行っているか。 ・作業に関係のない者が現場に立ち入っていないか。 ・材料や工具の上げ降ろし作業では、つり綱やつり袋などを使用しているか。 ・7日以内ごとに現場の点検を行っているか。 ・地震や大雨などの後には現場の点検を行っているか。 ・切り梁の上に無用の重量物を載せていないか。 ・土止め支保工の「肩」の部分に土砂や機材などを高く積み上げてはいないか。 ・切梁の上にある材料や機械、器具などは、落下しないように固定されているか。 ・補強材は準備されているか。 ・土止め支保工は適切な状態に管理されているか。 ・現場への立ち入り禁止措置は講じられているか。		

＜特記事項＞

土止め支保工計画のポイント

　土止め支保工の設置の計画に際して、土止め壁に何を使用するかということは、安全性を確保し、かつ、敷地周辺に及ぼす影響をいかに小さくするかという点から非常に重要な問題ですが、地盤、掘削規模、周辺の状況及び作業性、工期、経済性などを考慮すると一概に決められない場合が多く、その安全管理基準を標準化することは非常に困難です。したがって、ここでは土止め工事を安全に進めていく上でのポイントを示すのみにして、それぞれの項目を参考にして安全の確保に努めてください。

1　矢板打ち込み・引き抜き施工計画時の留意事項

a．矢板打ち工事は、一般に市街地にあっては、近隣建物、道路などに接して行う作業のため、機械の倒壊、杭打ちによる振動、騒音、地下埋設物の破断事故、矢板つり込みなどによる地上架空線の欠損事故など、種々の事故を起こしやすい作業なので、工事の計画、施工にあたっては細心の注意を払う。

b．市街地において鋼矢板は打ち込み、引き抜き時の騒音、振動などの問題があるので現在あまり使用されていないが、騒音、振動の点からはコンクリート連続壁工法、各種柱列工法などの無振動、無騒音の工法が望ましいが、工事規模、地盤状況、近隣状況などが許される場合、親杭横矢板工法を採用する場合が多い。この場合でもアースオーガ先行掘り、落とし込み工法によって、できるだけ振動、騒音を減ずるように計画する。

c．矢板打ち込み・引き抜き工事に際しては施工に先立ち、施工計画を近隣、関係官庁に対して十分説明を行い、了解を得るとともに、工事中は近隣からのクレームなどについては、すみやかに誠意をもって対処する。

2　矢板打ち込みおよび引き抜き時の安全管理

a．事前に打ち込み個所をよく調査し、地下埋設物（ガス管、ケーブル、水道管、下水管など）あるいは地上障害物（架空線など）に危害を及ぼすことのないような措置を講じる。

b．建築物、道路に近接して工事を行う際は、機械の振動、傾斜、倒壊による危害の発生を防止するための措置を講じなければならない。

c．打ち込みおよび引き抜き機械は、機能上、十分な容量のあるものを選定し、正しく整備されたものを用い、機械の仕様に基づいた正しい使い方をする。

d．機械は転倒しないよう正しく据えつける。地盤が軟弱な場合は鉄板、敷角を使用する。また、風速が毎秒15m以上になった場合、作業を中止し、必要に応じて補強の控綱などの措置を講じる。

e．ディーゼルハンマーの使用などにより、油飛散などのおそれのある場合には、風向きその他を考慮し、シート、鉄板などで養生して、近隣の家屋その他、通行人の衣服を汚損しないような措置を講じておく。
f．矢板引き抜きに先立ち、矢板と構築物との隙間は良質な山砂などで埋め戻し、十分に締め固めておく。
g．矢板引き抜き後の地中空隙部は、良質な山砂などを充填し、十分、水締めを行う。場合によってはグラウトを行い、周辺地盤の沈下を生じないようにする。
h．土止め杭の打ち込み・引き抜きに際しての騒音に対しては、法令を遵守しなければならない。

3　土止め支保工架設についての留意事項

　土止め支保工工事担当者は、土止め支保工架設にあたっては、土止め計算書によって算出された各施工段階の各種部材の応力を十分に熟知し、常に各部材の安全性を確認することが必要である。特に土止め工事の事故原因が主要部材の応力不足に起因するのみでなく、仕口、継手部における施工上の欠陥、土止め部材の精度不良、材質不良など、管理上の欠陥が事故の原因となりやすいことを十分認識したうえで、特に下記事項に十分に留意して施工および検査にあたる必要がある。
a．支柱の根入れ深さは十分か
b．支柱と切梁材の緊結はよいか
c．掘削の深さは予定どおりか
d．腹起こし、親杭、矢板間の空隙の充填はよいか
e．矢板裏込めの充填はよいか
f．排水などに起因しての土の移動はないか

4　土止め支保工の日常管理

a．土止め期間中は、責任者を指名し、日常点検を必ず行い、土止め部材の変形および緊結部の緩みなどの早期発見に努力し、事故を防止する。
b．土止め期間中、必要のある場合は、常に地下水位、地盤の沈下を観察して記録する。また、周囲に危害を及ぼすおそれのある場合には、直ちに防止の手段を講じる。
c．土止め壁、腹起こし、切梁などの部材の損傷、変形あるいは切梁の接続部、交差部の損傷、変形などは、目視による検査、レベル、トランシットによる検査、下げ振り、傾斜計による検査、ピアノ線による変位の測定などによって検討する。また、切梁の軸力の測定は油圧式土圧計などによって毎日定期的に2回程度測定する。

d．土止め支保工には、設計荷重以上の余分な資材を載せない。また、土止め周辺の積載荷重についてはその安全性について十分に検討する。
e．支保工の架設は、所定の各段掘削の深さまで掘削完了後、すみやかに行い、土止め壁の変形をできるだけ小さくする。
f．腹起こしと土止め壁との空隙は、コンクリートあるいはくさびなどで腹起こしに一様に荷重が加わるようにする。
g．切梁の継手は、各通りで同一線上に位置するのを避け、それぞれできるだけ交差部に近い位置に設ける。また、切梁は全長を通じて、できるだけ直線になるようにし、継手のボルトは全数を入念に締めつける。
h．切梁支保工の構内外の座屈防止になるように、切梁の交差部の締めつけおよび支持杭のブラケットへの切梁の締めつけを十分にする。

　切梁の継手などの緩み、隙間を縮めて土止め壁の変位を減ずるため、予圧（プレロード）を与えるのも一つの方法である。

　支保工の撤去は、埋め戻し、盛り替え、切梁の設置が完了し、十分に安全性を確認した後に行う。

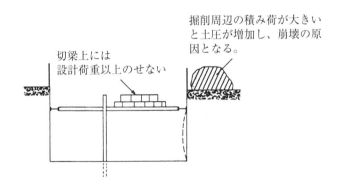

5　土止め点検・計測などについての留意事項

　施工にあたっては、安全点検、計測管理の方法、担当者および異常事態に対する処理方法などについては、あらかじめ工事計画の時点で織り込み、実施する。

　日常点検および計測管理の概要を次に挙げるが、これらの記録は工事の掘削状況と比較検討できるよう整理しておく。

(1)　日常の視覚的点検管理
　　a．掘削の進行に伴っての土止め部材の変形
　　b．仕口・継手の変化の有無
　　c．周辺の地盤の変位
　　d．近隣建物・施設などの変形、き裂など

(2)　計測管理
　　a．土圧測定（切梁の軸力測定）
　　b．周辺道路などの地盤沈下
　　c．周辺建物の変形、傾斜
　　d．周壁の移動（矢板頭部、掘削底面）
　　e．地下水位の測定

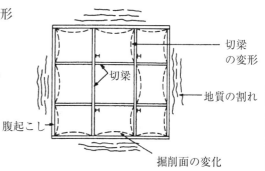

掘削に伴う土止め壁の変化

計測管理と方法

測定項目	測定器具または方法	備考
1．地盤変形、割り	レベル、トランシット、傾斜計、目視など	道路、埋設管の安全管理のために行う
2．周壁の変形	水平方向移動：トランシット、ピアノ線など 垂直方向：レベル 曲げ変形：ピアノ線、下げ振りなど	〃　　　　〃 軟弱地盤など、必要に応じて行う
3．土圧測定	土圧計	必ず実施する
4．近隣建物、諸設備	沈下測定：レベル、トランシット 傾斜測定：傾斜計	特殊の場合に使用する
5．地下水位の測定	観測井戸の設置による水位測定 近隣井戸水位の定期的観測	ウエルポイント、ディープウエルなど、強制排水を行う場合に測定

● 第3章　倒壊・崩壊災害防止対策

災害事例 ① 埋め戻し作業中、作業員が掘削土砂に埋もれる

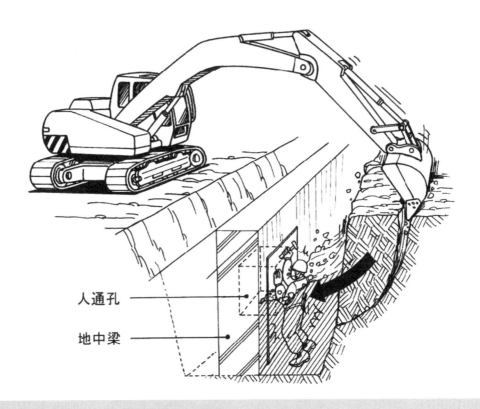

人通孔
地中梁

被災者の状況

職種：土工
年齢：46歳
経験年数：2年
請負次数：2次

災害発生状況

　基礎貫通孔に土が入るのを防ぐため、ベニヤ養生を行っていた作業員に気づかずに、バックホーのオペレーターが地山を崩したため作業員が土砂に埋もれた。

作業上の留意点

　作業員が掘削断面内部にいるにもかかわらず、並行して重機の作業を行うことは禁止すべきです。また、法肩に転落防止柵を設置し、バックホーが稼働する際は作業員との接触を避けるため、誘導者の配置も必要です。

災害事例 ② 雨水配水管を敷設中、地山が崩壊

被災者の状況

職種：土工
年齢：53歳
経験年数：15年
請負次数：3次

災害発生状況

　掘削底面で、雨水排水管の敷設作業を行っていたところ、地山が崩壊し、作業員が土砂の下敷きとなった（1人は退避できた）。

作業上の留意点

　掘削土砂を法肩付近に仮置きしたため、土砂の重量で法面が崩壊したことも原因と考えられます。敷地の関係でイラストのような場所で掘削を行う場合は、適切な法面こう配が確保できないため、土止め支保工を先行して設置する作業方法を計画することが肝要です。

● 第3章 倒壊・崩壊災害防止対策

災害事例 ③ 簡易土止め板を設置中、地山が崩壊

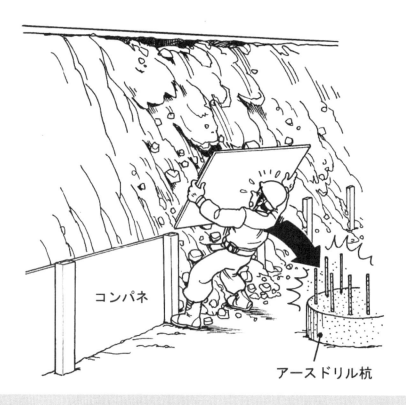

アースドリル杭
コンパネ

被災者の状況

職種：土工
年齢：55歳
経験年数：20年
請負次数：2次

災害発生状況

　法面の土砂崩落を防止するため、法尻に簡易土止め板を設置していたところ、法面が崩壊したため押し倒され、作業員が既存の杭との間に挟まれた。

作業上の留意点

　建築現場における基礎掘削の場合は、敷地の関係で所定の法面こう配が確保できないまま掘削してしまうケースが見られます。事例でも法面の崩落土砂を防止するため、急きょ簡易なパネルを建て込んだようですが、土圧を受け止められるはずもなく、非常に危険な状況で作業が行われていました。安定した掘削こう配が確保できない場合は、計画段階で土止め支保工の採用も検討しなければなりません。

―災害事例●

災害事例 ④ 梁取付け作業中、鉄骨柱が倒壊

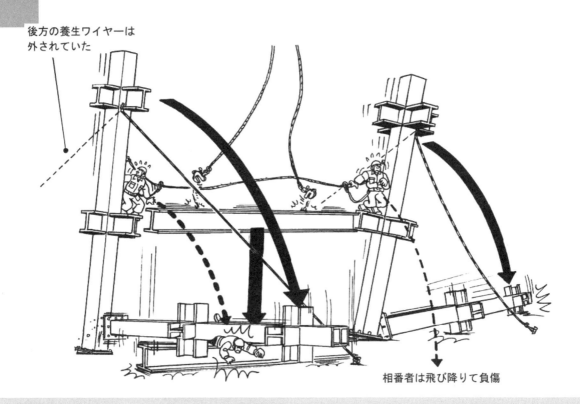

後方の養生ワイヤーは外されていた

相番者は飛び降りて負傷

被災者の状況

職種：とび工
年齢：19歳
経験年数：3年
請負次数：3次

災害発生状況

鉄骨建方作業を行っていた作業員が、大梁を取り付けるために控えワイヤーを締めたところ、後方のワイヤーが外されていたため、柱が倒壊し、作業員が挟まれた。

作業上の留意点

　鉄骨建方作業で危険度が最も高まるのが柱の設置作業です。鉄骨柱は、傾き始めると根元のアンカーで倒壊を防ぐことはできません。柱の四方に固定用ロープを張り、確実に自立を確保しながら梁の設置作業を進める必要がありますが、梁の固定作業中にワイヤーを緩めすぎることによって柱が倒壊に至る事故・災害が数多く報告されています。

105

●第3章　倒壊・崩壊災害防止対策

災害事例 ⑤　親杭を切断作業中、杭が倒壊

被災者の状況

職種：型枠大工
年齢：44歳
経験年数：4年
請負次数：2次

災害発生状況

　基礎掘削工事（H＝9m）の進捗に合わせて、既存建物地下接続部に残っていた土止め用親杭（H鋼）及び横矢板の撤去作業を行うため、H鋼をガスにより切断していたところ、H鋼が倒壊し、下敷きとなった。

作業上の留意点

　親杭（H型鋼）をガス切断する作業中に起きた倒壊災害です。根元をガス切断する際に、H鋼が倒れる方向を予測することには無理があり、解体工事でも同様の災害が数多く報告されています。このような災害を防止するためには、切断するH鋼の頂部をワイヤーでつって保持するか、またはH鋼の倒壊を防ぐための支柱を設置した後にガス切断を開始する必要があります。また、ガス切断作業を単独作業とせず、作業指揮者を配置し、予期せぬ倒壊や荷ぶれによる挟まれ等の災害を避けるための配慮も必要です。

災害事例 ⑥ 鉄筋材の荷上げ作業中、型枠支保工が倒壊

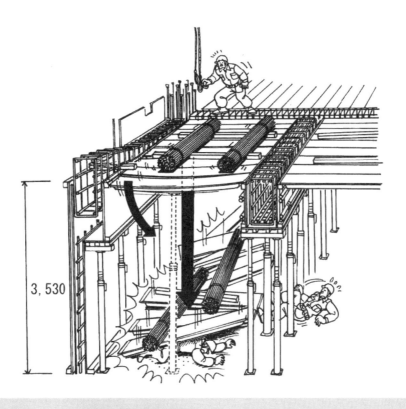

被災者の状況

職種：型枠大工
年齢：52歳
経験年数：10年
請負次数：2次

災害発生状況

スラブ用鉄筋材を荷上げしていたとき、突然スラブ（フラットデッキ）が崩壊し、下階で支保工の補強作業を行っていた型枠大工2人のうち、1人が下敷きになった

作業上の留意点

　型枠支保工組立て中、上階スラブの鉄筋の荷下ろしを行っている最中にスラブが崩壊するという事故・災害が頻繁に発生しています。事例では、型枠支保工の組立てが終了したものと思い込んだ鉄筋工が、鉄筋の束をスラブ上に荷下ろししたため、型枠支保工が荷重に耐えきれずに崩壊に至ってしまいました。
　フラットデッキは、下部の支保工が必要ないため、多くの作業所で採用されています。軽量であるため組立て作業が容易である反面、組立て中に過大な荷重を掛けるとフラットデッキパネルの端部が梁型枠から外れやすいという危険性が潜んでいます。鉄筋束などの資材の仮置き場所を事前に計画し、積載荷重に応じてスラブの補強を検討する必要があります。

トピック リスクアセスメントの効果的な実施方法

リスクアセスメントの効果

リスクアセスメントの手法を従業員が十分理解した上で、継続的に安全衛生管理のサイクルの中に定着させることで、次のような効果が期待できます。

① 現場作業の各段階で発生するリスクを計画時点で取り除いたり、ガードを検討することにより災害の発生要因を封じ込めることができます。

② 現場で発生するリスクへの対応方法について、現場全体の意識が統一できるため災害防止対策の無駄が少なくなります。

③ 重要度の高いものからリスクに対する防止対策を決定するため、費用対効果が高く、合理的な安全コストの投入が行われるようになるとともに、計画的に安全対策が実行できるようになります。

④ 経験の浅い従業員でも、ある一定の安全衛生管理水準に基づいた安全衛生管理計画の立案・運用が可能となります。

危険性又は有害性の特定

リスクアセスメントの最初の手順である危険性又は有害性の特定作業とは、「何が」どのような危害を与えるのかという視点から作業に関連するあらゆる危険性又は有害性を洗い出す作業のことをいいます。災害発生に関連すると思われる機械設備、仮設設備、作業環境、作業手順等が特定の対象となり、危険性又は有害性に接するさまざまな立場の人から意見を聞くことが重要です。

また、安全パトロールの指摘事項、日常の巡視の記録、ヒヤリハット等の情報を考慮するほか、参考にすべき情報は以下の通りとなります。

❶ 労働安全衛生法、行政通達
❷ 業界基準
❸ 社内基準
❹ 災害事例
❺ 機械、設備の取扱説明書
❻ 健康診断の実施結果

危険性又は有害性の特定作業が、災害防止の有効性を高めるポイントといっても過言ではなく、作業に潜む危険を特定することに力を注ぎ、事業場組織を挙げたリスクアセスメントへの取組みが大変重要です。

リスクの見積り・評価

危害が発生する可能性と重大性の基準を設け、リスクの大きさを定量的に評価する手法にはさまざまが方法があり、以下の組合せで評価する方法が一般的です。

❶ 危険の大きさ（重大性）と危険発生の確率（可能性）の組合せ
❷ 危険の大きさ（重大性）と危険発生の確率（可能性）と危険有害要因へ接近する割合（頻度）の組合せ

重大性と可能性を組み合わせたリスクの評

価方法の一例を下記に示します。

*可能性の判断基準の例

災害の重篤度	評価基準
死亡	10
重症（休業1カ月以上）	6
休業災害（4日以上）	3
軽傷（休業3～0日）	1

＋

*重篤度の判断基準の例

災害発生の可能性の度合	評価基準
可能性が極めて高い	8
可能性が高い	4
可能性がある	2
ほとんどない	1

*優先度の決定の例

見積り	判定基準				
	18～14	13～10	9～8	7～5	4～2
優先度	⑤	④	③	②	①

　リスクの評価作業を実際に進める際には、特に、危害の重大性を判断する際どうしても最悪の状態を想定してしまうため、全体的に高い評価となりがちです。このようなことを避けるためにリスクの評価作業は複数名で進め、さまざまな立場の人の意見を聞き、評価が偏らないよう配慮することが大切です。

　リスクの評価作業にあたり、危害の重大性の見積りは「一番重い事象で」行うように解説書の記述や講習会で指導が行われることが多いですが、このような意識を強く持ちすぎて作業を進めるとリスクの見積りが重くなり、リスクアセスメントが現実的でなくなってしまうので注意が必要です。

リスク低減対策の検討

　予測される災害のリスクレベルの評価結果に基づいて、災害防止対策が十分に行われているかどうかを判定し、特にリスクレベルが高いものから優先的に対策を立案します。

　建設現場で考えられる具体的なリスク低減策は次のような項目が考えられます。

❶設計や計画段階での対策（工法の変更、使用機械の変更等）
❷工学的対策（安全設備の設置、安全装置等）
❸管理的対策（手順書・マニュアル等の見直し、作業体制の変更、安全衛生教育等）
❹個人用保護具の使用（❶～❸で除去できない場合の最後の手段）

　リスクの評価作業の結果から、リスクレベルの高い順にあらゆる角度から検討した具体的な災害防止対策を立案することが大切です。

巻末資料

1. 危険性又は有害性等の調査等に関する指針

2. 足場からの墜落・転落災害防止総合対策推進要綱（改正版）

巻末資料1
危険性又は有害性等の調査等に関する指針

基発第0310001号
平成18年3月10日

都道府県労働局長　殿

厚生労働省労働基準局長

危険性又は有害性等の調査等に関する指針について

労働安全衛生法（昭和47年法律第57号）第28条の2第2項の規定に基づき、「危険性又は有害性等の調査等に関する指針」（以下「指針」という。）を作成し、その名称及び趣旨を、別添1のとおり平成18年3月10日付け官報に公示した。

ついては、別添2のとおり指針を送付するので、労働安全衛生規則（昭和47年労働省令第32号）第24条の12において準用する第24条の規定により、都道府県労働局安全主務課において閲覧に供されたい。

また、その趣旨、内容等について、下記事項に留意の上、事業者及び関係事業者団体等に対する周知等を図られたい。

記

1　趣旨等について
　(1)　指針の1は、本指針の趣旨を定めているほか、特定の危険性又は有害性の種類等に関する詳細指針の策定について規定したものであること。
　(2)　「機械安全に関して厚生労働省労働基準局長の定めるもの」には、「機械の包括的な安全基準に関する指針」（平成13年6月1日付け基発第501号）があること。
　(3)　指針の「危険性又は有害性等の調査」は、ILO（国際労働機関）等において「リスクアセスメント（risk assessment）」等の用語で表現されているものであること。

2　適用について
　(1)　指針の2は、労働者の就業に係るすべての危険性又は有害性を対象とすることを規定したものであること。
　(2)　指針の2の「危険性又は有害性」とは、労働者に負傷又は疾病を生じさせる潜在的な根源であり、ISO（国際標準化機構）、ILO等においては「危険源」、「危険有害要因」、「ハザード（hazard）」等の用語で表現されているものであること。

3　実施内容について
　(1)　指針の3は、指針に基づき実施すべき事項の骨子を示したものであること。
　(2)　指針の3の「危険性又は有害性の特定」は、ISO等においては「危険源の同定（hazard identification）」等の用語で表現されているものであること

4　実施体制等について
　(1)　指針の4は、調査等を実施する際の体制について規定したものであること。
　(2)　指針の4(1)アの「事業の実施を統括管理する者」には、総括安全衛生管理者、統括安全衛生責任者が含まれること。また、総括安全衛生管理者等の選任義務のない事業場においては、事業場を実質的に統括管理する者が含まれること。
　(3)　指針の4(1)イの「安全管理者、衛生管理者

等」の「等」には、安全衛生推進者が含まれること。
(4) 指針の4(1)ウの「安全衛生委員会等の活用等」には、安全衛生委員会の設置義務のない事業場において実施される関係労働者の意見聴取の機会を活用することが含まれるものであること。

また、安全衛生委員会等の活用等を通じ、調査等の結果を労働者に周知する必要があること。

(5) 指針の4(1)エの「職長等」とは、職長のほか、班長、組長、係長等の作業中の労働者を直接指導又は監督する者がこれに該当すること。また、職長等以外にも作業内容を詳しく把握している一般の労働者がいる場合には、当該労働者を参加させることが望ましいこと。

なお、リスク低減措置の決定及び実施は、事業者の責任において実施されるべきであるものであることから、指針の4(1)エにおいて、職長等に行わせる事項には含めていないこと。

(6) 指針の4(1)オの「機械設備等」の「等」には、電気設備が含まれること。

(7) 調査等の実施に関し、専門的な知識を必要とする場合等には、外部のコンサルタントの助力を得ることも差し支えないこと。

5 実施時期について
(1) 指針の5は、調査等を実施する時期を規定したものであること。
(2) 指針の5(1)イの設備には、足場等の仮設のものも含まれるとともに、設備の変更には、設備の配置替えが含まれること。
(3) 指針の5(1)オの「次に掲げる場合等」の「等」には、地震等により、建設物等に被害が出た場合、もしくは被害が出ているおそれがある場合が含まれること。
(4) 指針の5(1)オ(イ)の規定は、実施した調査等について、設備の経年劣化等の状況の変化に対応するため、定期的に再度調査等を実施し、それに基づくリスク低減措置を実施することが必要であることから設けられたものであること。なお、ここでいう「一定の期間」については、事業者が設備や作業等の状況を踏まえ決定し、それに基づき計画的に調査等を実施すること。

(5) 指針の5(1)オ(イ)の「新たな安全衛生に係る知見」には、例えば、社外における類似作業で発生した災害や、化学物質に係る新たな危険有害情報など、従前は想定していなかったリスクを明らかにする情報があること。

(6) 指針の5(3)は、実際に建設物、設備等の設置等の作業を開始する前に、設備改修計画、工事計画や施工計画等を作成することが一般的であり、かつ、それら計画の段階で調査等を実施することでより効果的なリスク低減措置の実施が可能となることから設けられた規定であること。また、計画策定時に調査等を行った後に指針の5(1)の作業等を行う場合、同じ事項に重ねて調査等を実施する必要はないこと。

(7) 既に設置されている建設物等や採用されている作業方法等であって、調査等が実施されていないものに対しては、指針の5(1)にかかわらず、計画的に調査等を実施することが望ましいこと。

6 調査等の対象の選定について
(1) 指針の6は、調査等の実施対象の選定基準について規定したものであること。
(2) 指針の6(1)の「危険な事象が発生した作業等」の「等」には、労働災害を伴わなかった危険な事象（ヒヤリハット事例）のあった作業、労働者が日常不安を感じている作業、過去に事故のあった設備等を使用する作業、又は操作が複雑な機械設備等の操作が含まれること。
(3) 指針の6(1)の「合理的に予見可能」とは、

負傷又は疾病を予見するために十分な検討を行えば、現時点の知見で予見し得ることをいうこと。
  (4) 指針の6(2)の「軽微な負傷又は疾病」とは、医師による治療を要しない程度の負傷又は疾病をいうこと。また、「明らかに軽微な負傷又は疾病しかもたらさないと予想されるもの」には、過去、たまたま軽微な負傷又は疾病しか発生しなかったというものは含まれないものであること。
7 情報の入手について
  (1) 指針の7は、調査等の実施に当たり、事前に入手すべき情報を規定したものであること。
  (2) 指針の7(1)の「非定常作業」には、機械設備等の保守点検作業や補修作業に加え、予見される緊急事態への対応も含まれること。
    なお、工程の切替（いわゆる段取り替え）に関する情報についても入手すべきものであること。
  (3) 指針の7(1)アからキまでについては、以下に留意すること。
    ア 指針の7(1)アの「作業手順書等」の「等」には、例えば、操作説明書、マニュアルがあること。
    イ 指針の7(1)イの「危険性又は有害性に関する情報」には、例えば、使用する設備等の仕様書、取扱説明書、「機械等の包括的な安全基準に関する指針」に基づき提供される「使用上の情報」、使用する化学物質の化学物質等安全データシート（MSDS）があること。
    ウ 指針の7(1)ウの「作業の周辺の環境に関する情報」には、例えば、周辺の機械設備等の状況や、地山の掘削面の土質やこう配等があること。また、発注者において行われたこれらに係る調査等の結果も含まれること。
    エ 指針の7(1)エの「作業環境測定結果等」の「等」には、例えば、特殊健康診断結果、生物学的モニタリング結果があること。
    オ 指針の7(1)オの「複数の事業者が同一の場所で作業を実施する状況に関する情報」には、例えば、上下同時作業の実施予定や、車両の乗り入れ予定の情報があること。
    カ 指針の7(1)カの「災害事例、災害統計等」には、例えば、事業場内の災害事例、災害の統計・発生傾向分析、ヒヤリハット、トラブルの記録、労働者が日常不安を感じている作業等の情報があること。また、同業他社、関連業界の災害事例等を収集することが望ましいこと。
    キ 指針の7(1)キの「その他、調査等の実施に当たり参考となる資料等」の「等」には、例えば、作業を行うために必要な資格・教育の要件、セーフティ・アセスメント指針に基づく調査等の結果、危険予知活動（KYT）の実施結果、職場巡視の実施結果があること。
  (4) 指針の7(2)については、以下の事項に留意すること。
    ア 指針の7(2)アは、「機械等の包括的な安全基準に関する指針」、ISO、JISの「機械類の安全性」の考え方に基づき、機械設備等の設計・製造段階における安全対策を行うことが重要であることから、機械設備等を使用する事業者は、導入前に製造者に調査等の実施を求め、使用上の情報等の結果を入手することを定めたものであること。
    イ 指針の7(2)イは、使用する機械設備等に対する設備的改善は管理権原を有する者のみが行い得ることから、その機械設備等を使用させる前に、管理権原を有する者が調査等を実施し、その結果を機械設備等の使用者が入手することを定めたものであること。
      また、爆発等の危険性のあるものを取り

扱う機械設備等の改造等を請け負った事業者が、内容物等の危険性を把握することは困難であることから、管理権原を有する者が調査等を実施し、その結果を請負業者が入手することを定めたものであること。
　ウ　指針の7(2)ウは、同一の場所で混在して実施する作業を請け負った事業者は、混在の有無やそれによる危険性を把握できないので、元方事業者が混在による危険性について事前に調査等を実施し、その結果を関係請負人が入手することを定めたものであること。
　エ　指針の7(2)エは、建設現場においては、請負事業者が混在して作業を行っていることから、どの請負事業者が調査等を実施すべきか明確でない場合があるため、元方事業者が調査等を実施し、その結果を関係請負人が入手することを定めたものであること。

8　危険性又は有害性の特定について
(1)　指針の8は、危険性又は有害性の特定の方法について規定したものであること。
(2)　指針の8(1)の作業の洗い出しは、作業標準、作業手順等を活用し、危険性又は有害性を特定するために必要な単位で実施するものであること。
　なお、作業標準がない場合には、当該作業の手順を書き出した上で、それぞれの段階ごとに危険性又は有害性を特定すること。
(3)　指針の8(1)の「危険性又は有害性の分類」には、別添3の例のほか、ISO、JISやGHS（化学品の分類及び表示に関する世界調和システム）で定められた分類があること。各事業者が設備、作業等に応じて定めた独自の分類がある場合には、それを用いることも差し支えないものであること。
(4)　指針の8(2)は、労働者の疲労等により、負傷又は疾病が発生する可能性やその重篤度が高まることを踏まえて、危険性又は有害性の特定を行う必要がある旨を規定したものであること。したがって、指針の9のリスク見積りにおいても、これら疲労等による可能性の度合と重篤度の付加を考慮する必要があるものであること。
(5)　指針の8(2)の「疲労等」には、単調作業の連続による集中力の欠如や、深夜労働による居眠り等が含まれること。

9　リスクの見積りの方法について
(1)　指針の9はリスクの見積りの方法等について規定したものであるが、その実施にあたっては、次に掲げる事項に留意すること。
　ア　指針の9は、リスク見積りの方法、留意事項等について規定したものであること。
　イ　指針の9のリスクの見積りは、優先度を定めるために行うものであるので、必ずしも数値化する必要はなく、相対的な分類でも差し支えないこと。
　ウ　指針の9(1)の「負傷又は疾病」には、それらによる死亡も含まれること。また、「危険性又は有害性により労働者に生ずるおそれのある負傷又は疾病」は、ISO等においては「危害」(harm)、「負傷又は疾病の程度」とは、「危害のひどさ」(severity of harm)等の用語で表現されているものであること。
　エ　指針の9(1)アからウまでに掲げる方法は、代表的な手法の例であり、(1)の柱書きに定める事項を満たしている限り、他の手法によっても差し支えないこと。
　オ　指針の9(1)アで定める手法は、負傷又は疾病の重篤度と可能性の度合をそれぞれ横軸と縦軸とした表（行列：マトリクス）に、あらかじめ重篤度と可能性の度合に応じたリスクを割り付けておき、見積対象となる負傷又は疾病の重篤度に該当する列を選び、次に発生の可能性の度合に該当する行を選ぶことにより、リスクを見積もる方法

であること。(別添4の例1に記載例を示す。)

　カ　指針の9⑴イで定める手法は、負傷又は疾病の発生する可能性の度合とその重篤度を一定の尺度によりそれぞれ数値化し、それらを数値演算(かけ算、足し算等)してリスクを見積もる方法であること。(別添4の例2に記載例を示す。)

　キ　指針の9⑴ウで定める手法は、負傷又は疾病の重篤度、危険性へのばく露の頻度、回避可能性等をステップごとに分岐していくことにより、リスクを見積もる方法(リスクグラフ)であること。(別添4の例3に記載例を示す。)

⑵　指針の9⑵の事項については、次に掲げる事項に留意すること。

　ア　指針の9⑵ア及びイの重篤度の予測に当たっては、抽象的な検討ではなく、極力、どのような負傷や疾病がどの作業者に発生するのかを具体的に予測した上で、その重篤度を見積もること。また、直接作業を行う者のみならず、作業の工程上その作業場所の周辺にいる作業者等も検討の対象に含むこと。

　イ　指針の9⑵ウの「休業日数等」の「等」には、後遺障害の等級や死亡が含まれること。

　ウ　指針の9⑵エは、疾病の重篤度の見積りに当たっては、いわゆる予防原則に則り、有害性が立証されておらず、MSDS等が添付されていない化学物質等を使用する場合にあっては、関連する情報を供給者や専門機関等に求め、その結果、一定の有害性が指摘されている場合は、入手した情報に基づき、有害性を推定することが望ましいことを規定したものであること。

⑶　指針の9⑶前段の事項については、次に掲げる事項に留意すること。

　ア　指針の9⑶前段アの「はさまれ、墜落等の物理的な作用」による危険性による負傷又は疾病の重篤度又はそれらが発生する可能性の度合の見積りに当たっては、必要に応じ、以下の事項に留意すること。

　　なお、行動災害の見積りに当たっては、災害事例を参考にしつつ、具体的な負傷又は疾病を予測すること。

　　㈎　加害物の高さ、重さ、速度、電圧等
　　㈏　危険性へのばく露の頻度等
　　　　危険区域への接近の必要性・頻度、危険区域内での経過時間、接近の性質(作業内容)等
　　㈐　機械設備等で発生する事故、土砂崩れ等の危険事象の発生確率
　　　　機械設備等の信頼性又は故障歴等の統計データのほか、地山の土質や角度等から経験的に求められるもの
　　㈑　危険回避の可能性
　　　　加害物のスピード、異常事態の認識しやすさ、危険場所からの脱出しやすさ又は労働者の技量等を考慮すること。
　　㈒　環境要因
　　　　天候や路面状態等作業に影響を与える環境要因を考慮すること。

　イ　指針の9⑶前段イの「爆発、火災等の化学物質の物理的効果」による負傷の重篤度又はそれらが発生する可能性の度合の見積りに当たっては、必要に応じ、以下の事項に留意すること。

　　㈎　反応、分解、発火、爆発、火災等の起こしやすさに関する化学物質の特性(感度)
　　㈏　爆発を起こした場合のエネルギーの発生挙動に関する化学物質の特性(威力)
　　㈐　タンク等に保管されている化学物質の保管量等

　ウ　指針の9⑶前段ウの「中毒等の化学物質

等の有害性」による疾病の重篤度又はそれらが発生する可能性の度合の見積りに当たっては、必要に応じ、以下の事項に留意すること。
- (ア) 有害物質等の取扱量、濃度、接触の頻度等
  有害物質等には、化学物質、石綿等による粉じんが含まれること。
- (イ) 有害物質等への労働者のばく露量とばく露限界等との比較
  ばく露限界は、日本産業衛生学会やACGIH（米国産業衛生専門家会議）の許容濃度等があり、また、管理濃度が参考となること。
- (ウ) 侵入経路等

エ 指針の9(3)前段エの「振動障害等の物理因子の有害性」による疾病の重篤度又はそれらが発生する可能性の度合の見積りに当たっては、必要に応じ、以下の事項に留意すること。
- (ア) 物理因子の有害性等
  電離放射線の線源等、振動の振動加速度等、騒音の騒音レベル等、紫外線等の有害光線の波長等、気圧、水圧、高温、低温等
- (イ) 物理因子のばく露量及びばく露限度等との比較
  法令、通達のほか、JIS、日本産業衛生学会等の基準等があること。

オ 負傷又は疾病の重篤度や発生可能性の見積りにおいては、生理学的要因（単調連続作業等による集中力の欠如、深夜労働による影響等）にも配慮すること。

(4) 指針の9(3)後段の安全機能等に関する考慮については、次に掲げる事項に留意すること。

ア 指針の9(3)後段アの「安全機能等の信頼性及び維持能力」に関して考慮すべき事項には、必要に応じ、以下の事項が含まれること。
- (ア) 安全装置等の機能の故障頻度・故障対策、メンテナンス状況、使用者の訓練状況等
- (イ) 立入禁止措置等の管理的方策の周知状況、柵等のメンテナンス状況

イ 指針の9(3)後段イの「安全機能等を無効化する又は無視する可能性」に関して考慮すべき事項には、必要に応じ、以下の事項が含まれること。
- (ア) 生産性の低下等、労働災害防止のための機能・方策を無効化させる動機
- (イ) スイッチの誤作動防止のための保護錠が設けられていない等、労働災害防止のための機能・方策の無効化しやすさ

ウ 指針の9(3)後段ウの作業手順の逸脱等の予見可能な「意図的」な誤使用又は危険行動の可能性に関して考慮すべき事項には、必要に応じ、以下の事項が含まれること。
- (ア) 作業手順等の周知状況
- (イ) 近道行動（最小抵抗経路行動）
- (ウ) 監視の有無等の意図的な誤使用等のしやすさ
- (エ) 作業者の資格・教育等

エ 指針の9(3)後段のウの操作ミス等の予見可能な「非意図的」な誤使用の可能性に関して考慮すべき事項には、必要に応じ、以下の事項が含まれること。
- (ア) ボタンの配置、ハンドルの操作方向のばらつき等の人間工学的な誤使用等の誘発しやすさ
- (イ) 作業者の資格・教育等

10 リスク低減措置の検討及び実施について

(1) 指針の10(1)の事項については、次に掲げる事項に留意すること。

ア 指針の10(1)アの「危険性又は有害性を除去又は低減する措置」とは、危険な作業の廃止・変更、より危険性又は有害性の低い

材料への代替、より安全な反応過程への変更、より安全な施工方法への変更等、設計や計画の段階から危険性又は有害性を除去又は低減する措置をいうものであること。

イ 指針の10(1)イの「工学的対策」とは、アの措置により除去しきれなかった危険性又は有害性に対し、ガード、インターロック、安全装置、局所排気装置の設置等の措置を実施するものであること。

ウ 指針の10(1)ウの「管理的対策」とは、ア及びイの措置により除去しきれなかった危険性又は有害性に対し、マニュアルの整備、立入禁止措置、ばく露管理、警報の運用、二人組制の採用、教育訓練、健康管理等の作業者等を管理することによる対策を実施するものであること。

エ 指針の10(1)エの「個人用保護具の使用」は、アからウまでの措置により除去されなかった危険性又は有害性に対して、呼吸用保護具や保護衣等の使用を義務づけるものであること。また、この措置により、アからウまでの措置の代替を図ってはならないこと。

オ 指針の10(1)のリスク低減措置の検討に当たっては、大気汚染防止法等の公害その他一般公衆の災害を防止するための法令に反しないように配慮する必要があること。

(2) 指針の10(2)は、合理的に実現可能な限り、より高い優先順位のリスク低減措置を実施することにより、「合理的に実現可能な程度に低い」（ALARP）レベルにまで適切にリスクを低減するという考え方を規定したものであること。

なお、低減されるリスクの効果に比較して必要な費用等が大幅に大きいなど、両者に著しい不均衡を発生させる場合であっても、死亡や重篤な後遺障害をもたらす可能性が高い場合等、対策の実施に著しく合理性を欠くとはいえない場合には、措置を実施すべきものであること。

(3) 指針の10(2)に従い、リスク低減のための対策を決定する際には、既存の行政指針、ガイドライン等に定められている対策と同等以上とすることが望ましいこと。また、高齢者、日本語が通じない労働者、経験の浅い労働者等、安全衛生対策上の弱者に対しても有効なレベルまでリスクが低減されるべきものであること。

(4) 指針の10(3)は、死亡、後遺障害又は重篤な疾病をもたらすリスクに対して、(2)の考え方に基づく適切なリスク低減を実施するのに時間を要する場合に、それを放置することなく、実施可能な暫定的な措置を直ちに実施する必要があることを規定したものであること。

11 記録について

(1) 指針の11(1)から(5)までに掲げる事項を記録するに当たっては、調査等を実施した日付及び実施者を明記すること。

(2) 指針の11(5)のリスク低減措置には、当該措置を実施した後に見込まれるリスクを見積もることも含まれること。

(3) 調査等の記録は、次回調査等を実施するまで保管すること。なお、記録の記載例を別添5に示す。

危険性又は有害性等の調査等に関する指針

(別添2)

危険性又は有害性等の調査等に関する指針

1 趣旨等

　生産工程の多様化・複雑化が進展するとともに、新たな機械設備・化学物質が導入されていること等により、労働災害の原因が多様化し、その把握が困難になっている。

　このような現状において、事業場の安全衛生水準の向上を図っていくため、労働安全衛生法(昭和47年法律第57号。以下「法」という。)第28条の2第1項において、労働安全衛生関係法令に規定される最低基準としての危害防止基準を遵守するだけでなく、事業者が自主的に個々の事業場の建設物、設備、原材料、ガス、蒸気、粉じん等による、又は作業行動その他業務に起因する危険性又は有害性等の調査(以下単に「調査」という。)を実施し、その結果に基づいて労働者の危険又は健康障害を防止するため必要な措置を講ずることが事業者の努力義務として規定されたところである。

　本指針は、法第28条の2第2項の規定に基づき、当該措置が各事業場において適切かつ有効に実施されるよう、その基本的な考え方及び実施事項について定め、事業者による自主的な安全衛生活動への取組を促進することを目的とするものである。

　また、本指針を踏まえ、特定の危険性又は有害性の種類等に関する詳細な指針が別途策定されるものとする。詳細な指針には、「化学物質等による労働者の危険又は健康障害を防止するため必要な措置に関する指針」、機械安全に関して厚生労働省労働基準局長の定めるものが含まれる。

　なお、本指針は、「労働安全衛生マネジメントシステムに関する指針」(平成11年労働省告示第53号)に定める危険性又は有害性等の調査及び実施事項の特定の具体的実施事項としても位置付けられるものである。

2 適用

　本指針は、建設物、設備、原材料、ガス、蒸気、粉じん等による、又は作業行動その他業務に起因する危険性又は有害性(以下単に「危険性又は有害性」という。)であって、労働者の就業に係る全てのものを対象とする。

3 実施内容

　事業者は、調査及びその結果に基づく措置(以下「調査等」という。)として、次に掲げる事項を実施するものとする。

(1) 労働者の就業に係る危険性又は有害性の特定

(2) (1)により特定された危険性又は有害性によって生ずるおそれのある負傷又は疾病の重篤度及び発生する可能性の度合(以下「リスク」という。)の見積り

(3) (2)の見積りに基づくリスクを低減するための優先度の設定及びリスクを低減するための措置(以下「リスク低減措置」という。)内容の検討

(4) (3)の優先度に対応したリスク低減措置の実施

4 実施体制等

(1) 事業者は、次に掲げる体制で調査等を実施

するものとする。
ア　総括安全衛生管理者等、事業の実施を統括管理する者（事業場トップ）に調査等の実施を統括管理させること。
イ　事業場の安全管理者、衛生管理者等に調査等の実施を管理させること。
ウ　安全衛生委員会等（安全衛生委員会、安全委員会又は衛生委員会をいう。）の活用等を通じ、労働者を参画させること。
エ　調査等の実施に当たっては、作業内容を詳しく把握している職長等に危険性又は有害性の特定、リスクの見積り、リスク低減措置の検討を行わせるように努めること。
オ　機械設備等に係る調査等の実施に当たっては、当該機械設備等に専門的な知識を有する者を参画させるように努めること。
(2)　事業者は、(1)で定める者に対し、調査等を実施するために必要な教育を実施するものとする。

5　実施時期
(1)　事業者は、次のアからオまでに掲げる作業等の時期に調査等を行うものとする。
ア　建設物を設置し、移転し、変更し、又は解体するとき。
イ　設備を新規に採用し、又は変更するとき。
ウ　原材料を新規に採用し、又は変更するとき。
エ　作業方法又は作業手順を新規に採用し、又は変更するとき。
オ　その他、次に掲げる場合等、事業場におけるリスクに変化が生じ、又は生ずるおそれのあるとき。
(ア)　労働災害が発生した場合であって、過去の調査等の内容に問題がある場合
(イ)　前回の調査等から一定の期間が経過し、機械設備等の経年による劣化、労働者の入れ替わり等に伴う労働者の安全衛生に係る知識経験の変化、新たな安全衛生に係る知見の集積等があった場合
(2)　事業者は、(1)のアからエまでに掲げる作業を開始する前に、リスク低減措置を実施することが必要であることに留意するものとする。
(3)　事業者は、(1)のアからエまでに係る計画を策定するときは、その計画を策定するときにおいても調査等を実施することが望ましい。

6　対象の選定
事業者は、次により調査等の実施対象を選定するものとする。
(1)　過去に労働災害が発生した作業、危険な事象が発生した作業等、労働者の就業に係る危険性又は有害性による負傷又は疾病の発生が合理的に予見可能であるものは、調査等の対象とすること。
(2)　(1)のうち、平坦な通路における歩行等、明らかに軽微な負傷又は疾病しかもたらさないと予想されるものについては、調査等の対象から除外して差し支えないこと。

7　情報の入手
(1)　事業者は、調査等の実施に当たり、次に掲げる資料等を入手し、その情報を活用するものとする。入手に当たっては、現場の実態を踏まえ、定常的な作業に係る資料等のみならず、非定常作業に係る資料等も含めるものとする。
ア　作業標準、作業手順書等
イ　仕様書、化学物質等安全データシート（MSDS）等、使用する機械設備、材料等に係る危険性又は有害性に関する情報
ウ　機械設備等のレイアウト等、作業の周辺の環境に関する情報
エ　作業環境測定結果等
オ　混在作業による危険性等、複数の事業者が同一の場所で作業を実施する状況に関す

る情報
- カ 災害事例、災害統計等
- キ その他、調査等の実施に当たり参考となる資料等

(2) 事業者は、情報の入手に当たり、次に掲げる事項に留意するものとする。
- ア 新たな機械設備等を外部から導入しようとする場合には、当該機械設備等のメーカーに対し、当該設備等の設計・製造段階において調査等を実施することを求め、その結果を入手すること。
- イ 機械設備等の使用又は改造等を行おうとする場合に、自らが当該機械設備等の管理権原を有しないときは、管理権原を有する者等が実施した当該機械設備等に対する調査等の結果を入手すること。
- ウ 複数の事業者が同一の場所で作業する場合には、混在作業による労働災害を防止するために元方事業者が実施した調査等の結果を入手すること。
- エ 機械設備等が転倒するおそれがある場所等、危険な場所において、複数の事業者が作業を行う場合には、元方事業者が実施した当該危険な場所に関する調査等の結果を入手すること。

8 危険性又は有害性の特定
(1) 事業者は、作業標準等に基づき、労働者の就業に係る危険性又は有害性を特定するために必要な単位で作業を洗い出した上で、各事業場における機械設備、作業等に応じてあらかじめ定めた危険性又は有害性の分類に則して、各作業における危険性又は有害性を特定するものとする。
(2) 事業者は、(1)の危険性又は有害性の特定に当たり、労働者の疲労等の危険性又は有害性への付加的影響を考慮するものとする。

9 リスクの見積り

(1) 事業者は、リスク低減の優先度を決定するため、次に掲げる方法等により、危険性又は有害性により発生するおそれのある負傷又は疾病の重篤度及びそれらの発生の可能性の度合をそれぞれ考慮して、リスクを見積もるものとする。ただし、化学物質等による疾病については、化学物質等の有害性の度合及びばく露の量をそれぞれ考慮して見積もることができる。
- ア 負傷又は疾病の重篤度とそれらが発生する可能性の度合を相対的に尺度化し、それらを縦軸と横軸とし、あらかじめ重篤度及び可能性の度合に応じてリスクが割り付けられた表を使用してリスクを見積もる方法
- イ 負傷又は疾病の発生する可能性とその重篤度を一定の尺度によりそれぞれ数値化し、それらを加算又は乗算等してリスクを見積もる方法
- ウ 負傷又は疾病の重篤度及びそれらが発生する可能性等を段階的に分岐していくことによりリスクを見積もる方法

(2) 事業者は、(1)の見積りに当たり、次に掲げる事項に留意するものとする。
- ア 予想される負傷又は疾病の対象者及び内容を明確に予測すること。
- イ 過去に実際に発生した負傷又は疾病の重篤度ではなく、最悪の状況を想定した最も重篤な負傷又は疾病の重篤度を見積もること。
- ウ 負傷又は疾病の重篤度は、負傷や疾病等の種類にかかわらず、共通の尺度を使うことが望ましいことから、基本的に、負傷又は疾病による休業日数等を尺度として使用すること。
- エ 有害性が立証されていない場合でも、一定の根拠がある場合は、その根拠に基づき、有害性が存在すると仮定して見積もるよう努めること。

(3) 事業者は、(1)の見積りを、事業場の機械設備、作業等の特性に応じ、次に掲げる負傷又は疾病の類型ごとに行うものとする。
　ア　はさまれ、墜落等の物理的な作用によるもの
　イ　爆発、火災等の化学物質の物理的効果によるもの
　ウ　中毒等の化学物質等の有害性によるもの
　エ　振動障害等の物理因子の有害性によるもの
　また、その際、次に掲げる事項を考慮すること。
　ア　安全装置の設置、立入禁止措置その他の労働災害防止のための機能又は方策（以下「安全機能等」という。）の信頼性及び維持能力
　イ　安全機能等を無効化する又は無視する可能性
　ウ　作業手順の逸脱、操作ミスその他の予見可能な意図的・非意図的な誤使用又は危険行動の可能性

10　リスク低減措置の検討及び実施
(1) 事業者は、法令に定められた事項がある場合にはそれを必ず実施するとともに、次に掲げる優先順位でリスク低減措置内容を検討の上、実施するものとする。
　ア　危険な作業の廃止・変更等、設計や計画の段階から労働者の就業に係る危険性又は有害性を除去又は低減する措置
　イ　インターロック、局所排気装置等の設置等の工学的対策
　ウ　マニュアルの整備等の管理的対策
　エ　個人用保護具の使用
(2) (1)の検討に当たっては、リスク低減に要する負担がリスク低減による労働災害防止効果と比較して大幅に大きく、両者に著しい不均衡が発生する場合であって、措置を講ずることを求めることが著しく合理性を欠くと考えられるときを除き、可能な限り高い優先順位のリスク低減措置を実施する必要があるものとする。
(3) なお、死亡、後遺障害又は重篤な疾病をもたらすおそれのあるリスクに対して、適切なリスク低減措置の実施に時間を要する場合は、暫定的な措置を直ちに講ずるものとする。

11　記録
　事業者は、次に掲げる事項を記録するものとする。
(1)　洗い出した作業
(2)　特定した危険性又は有害性
(3)　見積もったリスク
(4)　設定したリスク低減措置の優先度
(5)　実施したリスク低減措置の内容

別添3

危険性又は有害性の分類例

1 危険性
 (1) 機械等による危険性
 (2) 爆発性の物、発火性の物、引火性の物、腐食性の物等による危険性
  「引火性の物」には、可燃性のガス、粉じん等が含まれ、「等」には、酸化性の物、硫酸等が含まれること。
 (3) 電気、熱その他のエネルギーによる危険性
  「その他のエネルギー」には、アーク等の光のエネルギー等が含まれること。
 (4) 作業方法から生ずる危険性
  「作業」には、掘削の業務における作業、採石の業務における作業、荷役の業務における作業、伐木の業務における作業、鉄骨の組立ての作業等が含まれること。
 (5) 作業場所に係る危険性
  「場所」には、墜落するおそれのある場所、土砂等が崩壊するおそれのある場所、足を滑らすおそれのある場所、つまずくおそれのある場所、採光や照明の影響による危険性のある場所、物体の落下するおそれのある場所等が含まれること。
 (6) 作業行動等から生ずる危険性
 (7) その他の危険性
  「その他の危険性」には、他人の暴力、もらい事故による交通事故等の労働者以外の者の影響による危険性が含まれること。
2 有害性
 (1) 原材料、ガス、蒸気、粉じん等による有害性
  「等」には、酸素欠乏空気、病原体、排気、排液、残さい物が含まれること。
 (2) 放射線、高温、低温、超音波、騒音、振動、異常気圧等による有害性
  「等」には、赤外線、紫外線、レーザー光等の有害光線が含まれること。
 (3) 作業行動等から生ずる有害性
  「作業行動等」には、計器監視、精密工作、重量物取扱い等の重筋作業、作業姿勢、作業態様によって発生する腰痛、頸肩腕症候群等が含まれること。
 (4) その他の有害性

(別添4)

リスク見積り方法の例

1 負傷又は疾病の重篤度

　「負傷又は疾病の重篤度」については、基本的に休業日数等を尺度として使用するものであり、以下のように区分する例がある。

　①致命的：死亡災害や身体の一部に永久損傷を伴うもの
　②重　大：休業災害（1ヶ月以上のもの）、一度に多数の被災者を伴うもの
　③中程度：休業災害（1ヶ月未満のもの）、一度に複数の被災者を伴うもの
　④軽　度：不休災害やかすり傷程度のもの

2 負傷又は疾病の可能性の度合

　「負傷又は疾病の可能性の度合」は、危険性又は有害性への接近の頻度や時間、回避の可能性等を考慮して見積もるものであり（具体的には記の9(3)参照）、以下のように区分する例がある。

　①可能性が極めて高い：日常的に長時間行われる作業に伴うもので回避困難なもの
　②可能性が比較的高い：日常的に行われる作業に伴うもので回避可能なもの
　③可能性がある：非定常的な作業に伴うもので回避可能なもの
　④可能性がほとんどない：稀にしか行われない作業に伴うもので回避可能なもの

3 リスク見積りの例

　リスク見積り方法の例には、以下の例1～3のようなものがある。

例1：マトリクスを用いた方法

重篤度「②重大」、可能性の度合「②比較的高い」の場合の見積もり例

		負傷又は疾病の重篤度			
		致命的	重大	中程度	軽度
負傷又は疾病の発生可能性の度合	極めて高い	5	5	4	3
	比較的高い	5	4	3	2
	可能性あり	4	3	2	1
	ほとんどない	4	3	1	1

リスク		優先度
4～5	高	直ちにリスク低減措置を講ずる必要がある。 措置を講ずるまで作業停止する必要がある。 十分な経営資源を投入する必要がある。
2～3	中	速やかにリスク低減措置を講ずる必要がある。 措置を講ずるまで使用しないことが望ましい。 優先的に経営資源を投入する必要がある。
1	低	必要に応じてリスク低減措置を実施する。

危険性又は有害性等の調査等に関する指針

例2：数値化による方法

重篤度「②重大」、可能性の度合「②比較的高い」の場合の見積もり例

(1) 負傷又は疾病の重篤度

致命的	重大	中程度	軽度
30点	20点	7点	2点

(2) 負傷又は疾病の発生可能性の度合

極めて高い	比較的高い	可能性あり	ほとんどない
20点	15点	7点	2点

20点（重篤度「重大」）＋15点（可能性の度合「比較的高い」）＝35点（リスク）

リスク		優先度
30点以上	高	直ちにリスク低減措置を講ずる必要がある。 措置を講ずるまで作業停止する必要がある。 十分な経営資源を投入する必要がある。
10～29点	中	速やかにリスク低減措置を講ずる必要がある。 措置を講ずるまで使用しないことが望ましい。 優先的に経営資源を投入する必要がある。
10点未満	低	必要に応じてリスク低減措置を実施する。

例3：枝分かれ図を用いた方法

重篤度「②重大」、可能性の度合「②比較的高い」の場合の見積もり例

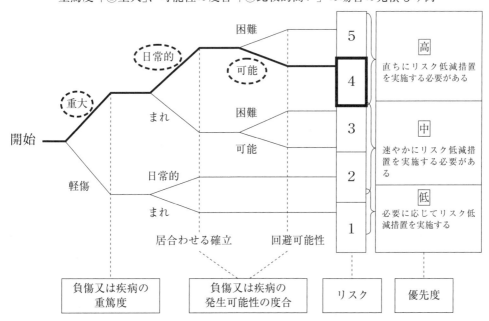

巻末資料2
足場からの墜落・転落災害防止総合対策推進要綱（改正版）

基安発0520第1号
平成27年5月20日

都道府県労働局長殿

厚生労働省労働基準局
安全衛生部長
（公印省略）

足場からの墜落・転落災害防止総合対策推進要綱の改正について

　足場からの墜落・転落による労働災害の防止については、労働安全衛生規則（昭和47年労働省令第32号。以下「安衛則」という。）で定める墜落防止措置に加えて、足場からの墜落・転落災害防止総合対策推進要綱（平成24年2月9日付け基安発0209第2号「足場からの墜落・転落災害防止総合対策推進要綱の策定について」の別紙。以下「旧要綱」という。）に基づき、その徹底を図ってきたところである。

　今般、「足場からの墜落防止措置の効果検証・評価検討会」において取りまとめられた報告書（平成26年11月）を踏まえ、平成27年3月5日に労働安全衛生規則の一部を改正する省令（平成27年厚生労働省令第30号）が公布され、平成27年7月1日から施行されることに合わせて、旧要綱についても別紙のとおり改正した。

　足場からの墜落・転落による労働災害の多くは、安衛則で定められている墜落防止措置が適切に実施されていない足場で発生したものであり、法定事項の遵守徹底が必要であるが、労働災害の一層の防止を図るためには、組立・解体時の最上層からの墜落防止措置として効果が高い「手すり先行工法」や通常作業時の墜落防止措置として取り組むことが望ましい「より安全な措置」等の設備的対策、小規模場合も含めた足場の組立図の作成、足場点検の客観性・的確性の向上、足場の組立て等作業主任者の能力向上や足場で作業を行う労働者の安全衛生意識の高揚などの管理面や教育面の対策を進めていく必要がある。

　ついては、事業場等に対する集団指導や個別指導等の際はもとより、計画届の受理時、労働者死傷病報告の受理時等あらゆる機会を活用して、別紙の新たな要綱の内容について指導を行うことにより、足場からの墜落・転落による労働災害の一層の防止に遺漏なきを期されたい。

　なお、関係事業者団体には別添のとおり要請していることを申し添える。

（別紙）

足場からの墜落・転落災害防止総合対策推進要綱

第1　目的

　足場からの墜落・転落による労働災害の防止については、「足場からの墜落防止措置の効果検証・評価検討会」において取りまとめられた報告書を踏まえ、平成27年3月に労働安全衛生規則の一部を改正する省令（平成27年厚生労働省令第30号。以下「改正省令」という。）が公布され、平成27年7月1日から施行されることとされた。

　当該報告書では、足場からの墜落・転落による労働災害の多くは、労働安全衛生規則（昭和

47年労働省令第32号。以下「安衛則」という。）で定められている墜落防止措置が適切に実施されていない足場で発生したものであり、法定事項の遵守徹底が必要であるが、これに加えて、組立・解体時の最上層からの墜落防止措置として効果が高い「手すり先行工法」や通常作業時の墜落防止措置として取り組むことが望ましい「より安全な措置」等の設備的対策、小規模な場合も含めた足場の組立図の作成、足場点検の客観性・的確性の向上、足場の組立て等作業主任者の能力向上や足場で作業を行う労働者の安全衛生意識の高揚などの管理面や教育面の対策を進めていくことが労働災害防止上効果的であると提言されたところである。

本要綱では、上記の結果を踏まえ、改正省令による改正後の安衛則における墜落防止措置と併せて実施すべき対策を、足場に関係する各作業段階に応じてまとめることで、足場からの墜落・転落災害の一層の防止に資することを目的とする。

第2 足場からの墜落・転落災害（休業4日以上の死傷災害）発生状況の概要

1 労働災害発生件数の推移

ア 建設業における労働災害は平成23年以降、増加・高止まりしており、そのうち墜落・転落による災害も同様の傾向となっている。

イ 平成23年以降、墜落・転落災害のうち、足場からによるものが占める割合は、死傷災害で約15％、死亡災害で約18％となっている。

2 災害発生状況

平成21年度から平成23年度までに発生した足場からの墜落・転落災害を分析すると以下のとおりである。

(1) 発生業種

死亡災害、死傷災害ともに、約9割を建設業が占めている。特に、「鉄骨鉄筋コンクリート造建築工事業」、「木造家屋建築工事業」の2業種で建設業全体の半数以上を占めている。

(2) 墜落箇所の高さ

墜落箇所の高さについては、安衛則上、墜落防止措置が義務づけられている2メートル以上の箇所からの墜落が死亡災害の大多数であり、死傷災害においても約6割を占めているが、2メートル未満の箇所からの墜落により被災している場合も多いことにも留意する必要がある。

(3) 墜落時の作業の状況

墜落時の作業の状況についてみると、組立・解体時の割合が3割（うち、「最上層からの墜落」が7割）、通常作業時が約5割、移動・昇降時が約2割となっている。特に、死亡災害についてみると、組立・解体時の最上層からの墜落によるものが約4割となっていて、一度被災すると死亡に至るおそれも高い。

(4) 墜落防止措置や不安全行動等の状況

足場からの墜落・転落災害の約9割は安衛則で定められている墜落防止措置（改正省令による改正前の安衛則第563条第1項第3号及び第564条第1項第4号に基づく措置）が適切に実施されていない足場で発生している。安衛則で定められている墜落防止措置を適切に実施した足場において発生した災害についても、その大半に足場から身を乗り出して作業を行うなどの不安全行動や床材や手すりの緊結が不十分であるなどの構造上の問題が認められる。

第3 足場に関連する各作業段階において留意すべき事項

足場からの墜落・転落災害の防止に当たっては、次の①から④の点に留意した上で、安衛則

●巻末資料2

に基づく措置を徹底するとともに、後記1から6までに掲げる墜落防止措置を講じること。
① 各現場の実情に応じた安全対策を設計、計画の段階から検討する必要があること。
② 対策の検討に当たっては、労働安全衛生法（昭和47年法律第57号。以下「安衛法」という。）第28条の2第1項に基づく危険性又は有害性等の調査（リスクアセスメント）の観点を踏まえ、実際に足場上で行われている労働者の作業の実態等を十分に踏まえたものとすること。
③ 対策の検討に当たっては、作業性の低下や不安全行動等による新たなリスクの誘発等が生じないよう、本質的な安全対策を優先的に採用するように努めること。
④ 検討した対策については適切な管理のもと、総合的にこれらを実施することが効果的であること。

1 足場を使用して作業を行う建築物、構築物等の設計・計画段階における留意事項

工事の対象となる建築物、構築物等の設計においては、足場上での高所作業ができるだけ少なくなるような工法を採用するよう努めること。

2 足場の設置計画段階における留意事項
(1) 足場の組立図の作成
足場からの墜落防止のための手すり等の機材の設置、足場の点検等が的確に実施されるために、足場の高さ等によらず、組立て作業に着手する前に、足場の組立図を作成し、関係労働者に周知すること。
(2) 足場の組立て等の際の墜落防止措置
ア 高所での組立・解体作業を必要としない「移動昇降式足場」や、高所での組立・解体作業が従来より大幅に少なくて済む「大組・大払工法」の採用に努めること。
イ つり足場など、組立て、解体又は変更（以下「組立て等」という。）の際における墜落・転落災害のリスクが高い足場については、組立て等の際に足場上での作業を必要としないゴンドラや高所作業車を用いた工法の採用についても検討すること。
ウ つり足場、張出し足場又は高さが2メートル以上の構造の足場の組立て等の作業を行う場合は、安衛則第564条第1項第4号に基づき、40センチメートル以上の作業床及び安全帯を安全に取り付けるための設備（以下「安全帯取付設備」という。）を設置すること。安全帯取付設備とは、安全帯を適切に着用した労働者が墜落しても、安全帯を取り付けた設備が脱落することなく、衝突面等に達することを防ぎ、かつ、使用する安全帯の性能に応じて適当な位置に安全帯を取り付けることができるものであること。
エ 組立・解体時の最上層からの墜落防止措置として効果が高い工法として、平成21年4月24日付け基発第0424001号の別紙「手すり先行工法等に関するガイドライン」（以下「ガイドライン」という。）に基づく「手すり先行工法」を積極的に採用すること。

なお、平成27年3月31日付け基発0331第9号では、上記ウで安全帯取付設備を設置する場合には、足場の一方の側面のみであっても、手すりを設ける等労働者が墜落する危険を低減させるための措置を優先的に講ずるよう指導することとされている。
(3) 通常作業時等における墜落防止措置
ア 足場上で行われる各種作業について、リスクアセスメントを実施し、その内容を踏まえた墜落防止措置を採用するこ

イ 安衛則第563条第1項第2号のハに基づき、床材と建地との隙間は12センチメートル未満とすること。ただし、次のいずれかに該当する場合であって、防網を張る等墜落による労働者の危険を防止する措置を講じたときは、適用されないこと。

(ｱ) はり間方向における建地と床材の両端との隙間の和が24センチメートル未満の場合

(ｲ) 曲線的な構造物に近接して足場を設置する場合等、はり間方向における建地と床材の両端との隙間の和を24センチメートル未満とすることが作業の性質上困難な場合

また、はり間方向における建地の内法幅が64センチメートル未満の足場の作業床であって、床材と腕木との緊結部が特定の位置に固定される構造の鋼管用足場の部材で、平成27年7月1日現にあるものが用いられている場合は適用されないこと。

なお、これらの場合も含めて、別添に掲げる「より安全な措置」の1(2)を積極的に採用すること。

ウ 手すり等の墜落防止措置については、安衛則第563条第1項第3号に基づく措置に加えて、別添の1(1)に掲げる「より安全な措置」を積極的に採用すること。特に、幅木等及び上さんについては次のエ及びオの措置を講ずること。

なお、「より安全な措置」には、別添の1(1)に掲げる措置に限らず、足場上での作業の状況や現場の実情に応じて「防音パネル」や「ネットフレーム」、「金網」等を用いてこれらの措置と同等の墜落防止効果が得られるような場合も含まれるものであること。

エ 足場の建地の中心間の幅が60センチメートル以上の場合に、墜落防止措置及び飛来落下防止措置として、足場のうち躯体の反対側(以下「後踏側」という。)(荷揚げ等の作業に支障がある箇所を除く。)には次の措置を講ずること。

(ｱ) わく組足場においては、下さんの代わりに、高さ15センチメートル以上の幅木を設置すること。なお、この場合に、交さ筋かいの下の隙間をより小さくする観点から、より高い幅木を設置すること。

(ｲ) わく組足場以外の足場においては、手すり及び中さんに加えて幅木等を設置すること。

オ わく組足場の後踏側(荷揚げ等の作業に支障がある箇所を除く。)には、交さ筋かい及び下さんに加えて上さんを設置すること。

カ 足場の昇降設備については、安衛則第526条や第552条に照らし適切なものとし、計画段階においては、足場上での作業状況を踏まえ、適切な位置に適切な数の設備が設置されるよう配慮すること。

また、通常の「昇降階段」の設置が困難な場合には、ハッチ式の床付き布わくと昇降はしごを組み合わせた昇降設備を設置する等により、「足場の外側をよじ登る」、「昇降禁止の場所から足場の外側を伝って降りる」等の「不安全行動」を誘発させないものとすること。

3 足場の組立て等の作業段階における留意事項

(1) 足場の組立て等に係る作業手順の作成及びこれに基づく作業の実施

ア 上記2により作成した足場の設置計画

及び足場の組立図をもとに、足場の組立て等の作業に当たっての具体的な作業手順を定め、労働者に周知し、これに基づく作業を徹底させること。なお、作業手順には、安衛則第564条第1項第1号に掲げる事項のほか、設置する足場の種類に応じた組立方法など足場の組立て等の作業に当たって必要な事項を含めること。

　イ　作業手順については、作業進行によって発生する問題点や現場の実情を踏まえ、必要に応じこれを見直すこと。

(2) 作業主任者

　ア　高さ5m以上の足場の組立て等の作業に当たっては、必要な資格を有する者の中から「足場の組立て等作業主任者」(以下「作業主任者」という。)を選任し、安衛則第566条各号に定める事項を行わせること。

　イ　特に、足場の組立て等作業時の墜落・転落災害では、安全帯を着用していたにも関わらず、これを使用していなかったために墜落した事案が多数認められており、また、安衛則第564条第1項第4号のロで、安全帯取付設備等の設置等が新たに規定されたこと等から、作業主任者には安衛則第566条第4号に基づき、安全帯の使用状況の監視等を徹底させること。また、使用させる安全帯については、同条第2号に基づき、作業主任者にその機能の点検等を行わせること。

　ウ　高さ5mに満たない足場の組立て等の作業に当たっても、安衛則第529条に基づき、作業を指揮する者を指名し、上記に準じた事項を行わせること。

(3) 安全帯取付設備等の設置及び安全帯の使用

　ア　安衛則第564条第1項第4号のロに基づき、安全帯取付設備等を設置し、労働者に安全帯を使用させる措置又はこれと同等以上の効果を有する措置を講ずること。安全帯取付設備には、2(2)のウに示す安全帯取付設備の要件を満たす手すり、手すりわく及び親綱が含まれ、さらに、建わく、建地、手すり等も当該要件を満たす設備として利用できる場合があること。

　イ　足場の組立て等作業時の墜落・転落災害の中には、安全帯は使用していたものの、その掛け替え時に墜落した事案が散見されるため、足場の組立て等作業時においては「安全帯の二丁掛」を基本とすること。

　ウ　特殊な形状の足場の組立・解体や、建物や足場の形状から墜落時に労働者の救出に時間を要する場所での作業においては、原則としてハーネス型安全帯を使用すること。

(4) 手すり先行工法

　ア　「手すり先行工法」を用いた足場の組立て等の作業を行う場合には、上記(1)により作成する作業手順はガイドラインを踏まえた適切な内容とすること。

　イ　手すり先行工法による足場の組立ては、足場の後踏側のみに採用されることが多いことから、足場の躯体側からの墜落防止のために安全帯を使用すること。なお、先行手すり部材に安全帯を取り付ける場合には、足場上での移動に伴い、安全帯の掛け替えが生ずるため、上記(3)に示した「安全帯の二丁掛」を基本とすること。

(5) 足場の点検

　ア　墜落防止措置も含め、適切に計画された足場が計画どおりに設置されていることを確認することは、足場の組立又は変更後に足場上で作業を安全に行う上で

極めて重要な事項である。事業者は、足場の組立て等の後には安衛則第567条第2項に基づき、足場の点検及び補修を実施するとともに、その結果について記録・保存を行うこと。
イ 元方事業者等の注文者は、足場の組立て等の後に請負人の労働者にこれを使用させる時は、作業を開始する前に、安衛則第655条第1項第2号に基づき、足場の点検及び補修を実施するとともに、その結果について記録・保存を行うこと。
ウ 上記ア及びイの点検実施者は、別添の3(2)に掲げる者等十分な知識・経験を有する者を指名するとともに、点検に当たっては足場の種類に応じたチェックリストを作成の上、これを活用すること。
エ 上記ア及びイの点検実施者は、足場の組立て等の作業に直接従事した者、当該作業の作業主任者及び作業指揮者等の当事者以外の者とすること。

ただし、従業員数の少ない事業者又は注文者にあっては、足場の組立て等の作業に係る当事者以外には、足場の点検に関する十分な知識・経験を有する者が確保できない場合も考えられる。この場合には、足場の組立て等に係る当事者に足場の点検を実施させても差し支えないこと。

また、事業者及び注文者の双方が点検を行う場合には、事業者の点検は、足場の組立て等の作業に係る当事者に点検を実施させても差し支えないが、その場合も、事業者による点検は確実に行われるべきであること。

4 足場上で作業を行う段階における留意事項
(1) 足場上での作業に係る作業計画の作成及びこれに基づく作業の実施
ア 足場上で行われる作業に係る作業計画の作成に当たっては、①足場上での作業箇所や作業範囲、②作業に伴う手すり等の取り外しの有無及びその際の作業方法、③取り外した手すり等の復旧等に関する内容を含めることとし、当該作業計画に基づく作業を徹底すること。
イ 足場からの墜落・転落災害では、資材の運搬等の際に手すり等を臨時に取り外し、又は手すり等から身を乗り出して作業を行っていた際に墜落した事案が複数認められるため、上記の作業計画の作成に当たっては、手すり等の取り外しや身を乗り出しての作業を行う必要がないような作業方法の採用を検討すること。
ウ 設置された足場上で作業を行った場合において、①不安全行動や無理な姿勢となることが想定される場合、②作業計画では想定していなかった手すり等の取り外しを行う場合等については、特定元方事業者の担当者や職長等当該足場を使用する労働者の責任者に報告させることとし、労働者個人の判断でこれを行わせないよう徹底すること。
(2) 手すり等を臨時に取り外して作業を行う場合
ア 手すり等を臨時に取り外して作業を行う場合には、安衛則第563条第3項第1号に基づき、安全帯取付設備等を設置し、労働者に安全帯を使用させる又はこれと同等以上の効果を有する措置を講ずること。また、同項第2号に基づき、その箇所で作業を行う者、作業を指揮する者等の関係者以外の労働者の立ち入り禁止措置を講ずることにより、作業と関係のない労働者が通行することによる墜落の危険を防止すること。
イ 臨時に取り外した手すり等について

は、安衛則第563条第5項に基づき、上記(1)により作成した作業計画に即して、その必要がなくなった後、直ちに元の状態に戻すとともに、これが確実に行われていることを職長等当該足場を使用する労働者の責任者に確認させること。
(3) 安全帯の使用
労働者に安全帯を使用させる場合には、上記3(3)のイ及びウに準じ、安全帯を二丁掛することや建物や足場の形状から墜落時に労働者の救出に時間を要する場所での作業においては、原則としてハーネス型安全帯を使用すること。
(4) 足場の点検
ア 作業開始前には、安衛則第567条第1項に基づき、手すりや交さ筋かい等の取りはずしや脱落の有無について点検及び補修を実施すること。なお、つり足場以外の足場についても、必要に応じ、安衛則第567条第2項各号に掲げる足場の構造等に関する事項について併せて確認し、問題が認められた場合には補修を行うこと。
イ 点検実施者については、職長等当該足場を使用する労働者の責任者から指名すること。

5 安全衛生教育における留意事項
(1) 足場の組立て等の作業に係る特別教育の実施
足場の組立て等の作業に就く労働者に対して、足場及び作業の方法に関する知識、工事用設備、機械、器具、作業環境等に関する知識、労働災害防止に関する知識及び関係法令について安衛則第36条に基づく特別教育を実施すること。
(2) 足場の組立て等作業主任者能力向上教育
足場の組立て等作業における墜落・転落災害では、作業主任者が職務を適切に実施していたと認められないものが多いことから、作業主任者の職務に関する能力の向上を図り、職務が徹底されるよう、安衛法第19条の2に基づく足場の組立て等作業主任者能力向上教育を定期的に受講させることに努めること。
(3) 足場の作業に就く労働者に対する安全衛生意識の高揚
安全帯の使用等の墜落防止措置のポイントや不安全行動等を伴う災害事例を説明する等により、安全衛生意識の高揚に努めること。

6 その他
(1) 足場の作業床の常時有効な状態の確保
足場の作業床上に資材や工具が散逸していることは、物体の落下による危険のみならず、労働者がつまずくことによる墜落も懸念されるため、足場の作業床上で作業を行うに当たっては、資材や工具の整理整頓に努め、作業床を常時有効な状態にしておくよう努めること。
(2) 労働者の健康管理等
猛暑による疲労の蓄積や睡眠不足等が足場上での作業に影響を及ぼすことも懸念されるため、健康管理の徹底を図るとともに、朝礼時における点呼等により健康状態の把握に努め、必要に応じ、作業配置の見直しを行うことなどについても配慮し、足場からの墜落・転落災害の防止に努めること。

第4 各主体における留意事項
1 建設工事の発注者が留意すべき事項
建設工事の発注に当たっては、上記第3の1に掲げるとおり、足場上での高所作業ができるだけ少なくなるような工法を採用するよう努めるとともに、足場からの墜落防止対策

2 特定元方事業者が留意すべき事項

ア　特定元方事業者については、安衛法第31条に基づき、自ら使用する労働者の墜落・転落災害防止の観点のみならず、注文者の立場として各種の措置が義務付けられていることを踏まえ、上記第3の2から6に掲げる各作業段階に応じた墜落防止措置の実施に留意するとともに、関係請負人が下記3及び4に掲げる措置を講ずるために必要な経費についても配慮すること。

イ　特定元方事業者以外の元方事業者についても、上記に準じた対策を行うこと。

3 足場を設置する事業者が留意すべき事項

ア　足場の設置計画の作成、足場の組立て等の作業の実施に当たっては、上記第3の2に掲げる設計計画段階における事項及び3に掲げる足場の組立て等の作業段階における事項、並びに5(1)及び(2)に掲げる安全衛生教育における事項に留意すること。

イ　建設工事のように複数の事業者が同一の足場を使用することが想定される場合には、必要に応じ、足場上で作業を行う事業者とも協議の上、作業の実情に応じた足場の設置に努めること。

4 足場を設置する事業者以外の事業者が留意すべき事項

労働者に足場上で作業を行わせる際には、足場を設置する事業者でなくとも安衛則第563条第1項第3号、安衛則第567条等に基づく措置の実施義務があることから、上記第3の4に掲げる足場上で作業を行う段階における事項及び5(3)に掲げる労働者の安全衛生意識の高揚に留意すること。また、足場の墜落防止措置等に問題が認められた場合には、元方事業者と協議の上、必要な措置を講ずること。

5 足場に関連した作業を行う労働者が留意すべき事項

ア　足場からの墜落防止措置は、労働安全衛生法令上、事業者に実施義務があるが、事業者から安全帯の使用を命ぜられた場合等には、労働者はこれに従う義務があることに留意すること。

イ　足場からの墜落・転落災害については、労働者の不安全行動や無理な姿勢による作業があった場合には、安衛則に基づく措置を実施しているにも関わらず被災している事例が散見されることに留意の上、定められた作業計画、作業手順等に基づき作業を行うこと。

6 労働災害防止団体、関係業界団体及び安全衛生教育機関が留意すべき事項

ア　労働災害防止団体、関係業界団体は上記に掲げる事項を各事業者が適切に実施できるよう、各種の指導・援助を実施すること。また、安全衛生教育機関は、足場の組立て等作業に係る特別教育を事業者に代わって実施する場合には、これを計画的に実施すること。

イ　足場からの墜落・転落災害の9割以上に安衛則に基づく墜落防止措置の不備が認められることから、あらゆる機会を捉え、法令の周知徹底を行うこと。

7 足場機材メーカーが留意すべき事項

ア　足場ユーザーの要望を踏まえた適切な機材の開発に努めること。

イ　必要とされる足場機材の安定供給に努めること。

8　行政が留意すべき事項

ア　建設現場等足場が設置されている事業場等に対する個別指導や集団指導等の際はもとより、足場の設置計画の受理時、労働者死傷病報告の受理時等あらゆる機会を捉え、事業者に対して上記内容に基づく指導を徹底すること。

イ　労働災害防止団体、関係業界団体等と連携し、足場からの墜落・転落災害防止対策の更なる推進を図るとともに、中小建設事業者等が施工する建設現場に対する指導・支援を行うことにより、安全な足場の一層の普及を図ること。

ウ　発注者における足場からの墜落防止措置等の安全衛生経費（一人親方等の労災保険の特別加入のために必要な経費を含む。）の積算計上、元請事業者が請負人に示す見積条件において墜落防止措置の実施者・経費負担者の明確化、請負契約における当該経費の明示について周知啓発を図ること。

（別添）

安衛則の確実な実施に併せて実施することが望ましい「より安全な措置」等について

1　足場からの墜落災害防止に関する「より安全な措置」について

(1)　足場からの墜落災害を防止するため、以下の措置を講じることが「より安全な措置」であること。

① わく組足場にあっては、次のような措置を講じること。

a　交さ筋かい及び高さ15センチメートル以上40センチメートル以下のさん若しくは高さ15センチメートル以上の幅木又はこれらと同等以上の機能を有する設備に加え上さんを設置すること。

b　手すり、中さん及び幅木の機能を有する部材があらかじめ足場の構成部材として備えられている手すり先行専用型足場を設置すること。

② わく組足場以外の足場にあっては、次のような措置を講じること。

手すり等及び中さん等に加え幅木を設置すること。

(2)　足場のはり間方向の建地（脚柱）の間隔と床材の幅の寸法は原則として同じものとし、両者の寸法が異なるときは、床材を複数枚設置する等により、床材は建地（脚柱）とすき間をつくらないように設置すること。

2　手すり先行工法及び働きやすい安心感のある足場の採用

足場の組立て、解体時及び使用時の墜落災害を防止するため、平成21年4月24日付け基発第0424001号「「手すり先行工法に関するガイドライン」について」において示された「手すり先行工法等に関するガイドライン」に基づいた手すり先行工法による足場の組立て等の作業を行うとともに、働きやすい安心感のある足場を設置すること。

3　足場等の安全点検の確実な実施

(1)　足場等の点検（「手すり先行工法等に関するガイドライン」に基づく点検を含む。）に当たっては、資料に示す足場等の種類別点検チェックリストの例を参考に使用する足場等の種類等に応じたチェックリストを作成し、それに基づき点検を行うこと。

(2)　足場等の組立て・変更時等の点検実施者については、足場の組立て等作業主任者であって、足場の組立て等作業主任者能力向上教育を受講している者、労働安全コンサルタント（試験の区分が土木又は建築である者）等労働安全衛生法第88条に基づく足場の設置等の届出に係る「計画作成参画者」に必要な資格

を有する者、全国仮設安全事業協同組合が行う「仮設安全監理者資格取得講習」、建設業労働災害防止協会が行う「施工管理者等のための足場点検実務研修」を受けた者等十分な知識・経験を有する者を指名すること。

(3) 作業開始前の点検は職長等当該足場を使用する労働者の責任者から指名すること。

改訂版　建設業の三大災害防止のポイント

平成26年7月31日　初版発行
平成27年8月31日　改訂版発行

編　者　労働調査会出版局
発行人　藤澤　直明
発行所　労働調査会
　　　　〒170-0004 東京都豊島区北大塚2-4-5
　　　　TEL 03-3915-6401
　　　　FAX 03-3918-8618
　　　　http://www.chosakai.co.jp

ISBN978-4-86319-510-3 C2030 ￥1000E

落丁・乱丁はお取り替え致します。
本書の一部あるいは全部を無断で複写複製することは、法律で認められた場合を除き、著作権の侵害となります。